모발과학

HAIR SCIENCE

저자 박은준 | 김순경 | 박정은 | 이영미

도서출판 예림

Profile

박은준

원광대학교 뷰티디자인학부 미용학 박사졸업
현) 서경대학교 헤어 · 메이크업디자인학과 교수

김순경

원광대학교 뷰티디자인학부 미용학 박사졸업
현) 동명대학교 뷰티케어학과 겸임교수

박정은

서경대학교 미용예술대학 미용예술학 박사졸업
현) 서경대학교 헤어 · 메이크업디자인학과 겸임교수

이영미

서경대학교 미용예술대학 미용예술학 박사졸업
현) 신구대학교 뷰티케어과 교수

Foreword

모발과학을 내며...

아름다워지려는 인간의 욕구는 인류의 시작과 함께 끊임 없이 발전되어 왔으며 이러한 미의 추구는 개개인의 희망인 동시에 동서고금을 막론하고 모든 인류의 최고의 가치로 생각되어지고 있다. 또한 우리는 생활수준의 향상으로 미에 대한 관심이 고조되면서 사람들이 건강한 아름다움을 유지하기 위해 많은 시간과 비용을 할애하고 있는 현실 속에 살고 있으며 대중매체의 발달은 이러한 욕구를 더욱 가중시켜 미용에 대한 관심을 높이고 있다.

미용은 이름이 의미하는 그대로 사람의 용모를 아름답게 하는 것으로 예술과 과학이 접목된 종합적인 학문이라 할 수 있다. 단순히 여러 기술들을 습득하여 그대로 행하는 것이 아니라 각각의 다른 개성을 지닌 고객에게 행하는 것으로 다양한 숙련된 기술과 경험, 전문적인 지식이 함께 갖추어졌을 때 고객에게는 만족을 주고 미용인에게는 자부심을 줌으로서 서로의 욕구를 충족시킬 수 있을 것이다. 따라서 이 책의 목적은 전문적인 미용인뿐만 아니라 미용을 전공하는 학생들에게 모발의 기초 지식과 그에 관련된 분야를 알기 쉽게 설명함으로써 미용 현장에서 필요한 전문 지식을 갖출 수 있도록 도와주며 또한 테크닉의 응용력을 향상시키는데 도움이 될 수 있도록 구성하였다.

제 1 장에서는 모발과 피부 생리의 기초지식을 설명하였고, **제 2 장**에서는 모발의 구조적 특성과 모발의 색에 대해 설명하였으며, **제 3 장**에서는 모발의 생리적 특성에 대해 설명하고 모발은 영양과 어떠한 관련성이 있는지 설명하고 있다. **제 4 장**에서는 모발의 구성과 화학적 특성을 설명하였고, **제 5 장**에서는 모발에 영향을 미치는 물리적 특성과 역학적 특성을 설명하였으며, **제 6 장**에서는 모발 손상을 원인과 정도에 따라 분류하고 모발 손상도의 측정을 설명하였다. **제 7 장**에서는 탈모 및 두피 질환을 설명하였으며, **제 8 장**에서는 모발 구조의 이상 현상과 질환을 설명하고, **제 9 장**에서는 모발 및 두피에 관해 설명하였고, **제 10 장** 에서는 모발의 변화에 영향을 주는 퍼머넨트 웨이브를 설명하였으며, **제 11 장**에서는 염색의 정의 및 원리를 설명하였다. **제 12 장**에서는 모발관리를 위해 필수적인 샴푸와 린스를 설명하였다. 오랫동안 준비해온 자료들과 실무경험 그리고 교육경험으로 집필 하였다. 미흡한 부분은 계속 개선하고 노력할 것을 약속하며, 이 책이 미용을 공부하는 학생들에게 좋은 침서가 되길 바란다.

마지막으로 이 책이 완성될 수 있도록 도와주신 하나님께 가장 먼저 감사드리며, 또한 출판하기까지 힘써주신 예림 출판사의 석종환 사장님과 직원 여러분의 정성과 노고에 깊이 감사드린다.

2019년 3월

저자 일동

HAIR SCIENCE

Contents

Contents

Contents

Contents

Chapter 1 모발과 피부

1. 피부란
2. 모발이란

HAIR
SCIENCE

1. 피부(Skin)

피부란? 피부는 인체에서 가장 넓은 부위를 차지하고 있는 복합조직층이며 주위 환경으로부터 내부 구조를 보호하고 항상성을 유지하게 돕는다. 피부의 구조는 표면으로부터 표피(表皮, epidermis), 진피(眞皮,dermis), 피하지방층(皮下脂肪, subcutaneous fat layer)의 3층의 구조이다. 그 외에 피부 부속기관으로 한선(땀샘), 피지선(기름샘), 모발(털), 손 · 발톱 등이 있다. 이들 피부 부속물은 모두 표피가 모양을 바꾼 것으로 표피와 연결되어 있다. 이 중 털은 입술과 손 · 발바닥을 제외한 거의 모든 곳에서 자라는데 모발은 포유동물만이 가지고 있고 인간과 동물의 것이 달라서 표면상의 구별이 가능하다.

[피부의 구성]

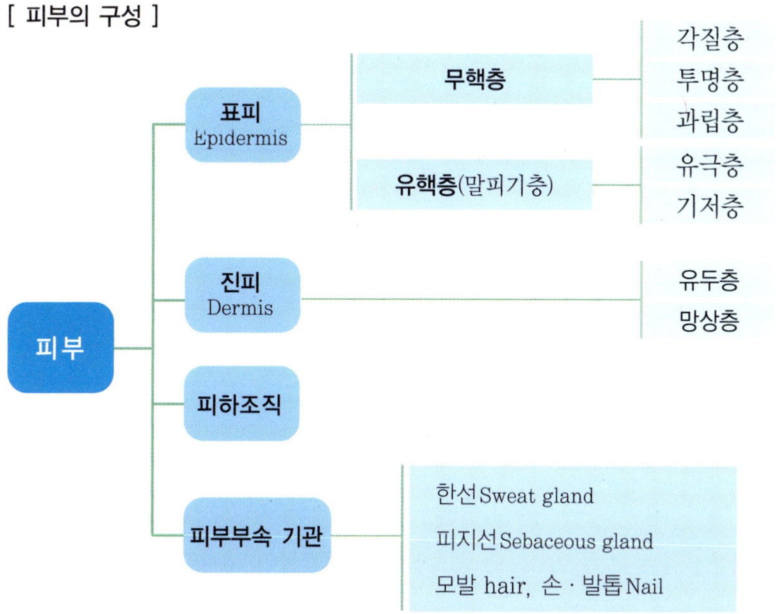

피부 두께	전체적인 피부 평균 두께는 1.2mm 정도이고 눈꺼풀과 같이 피부가 얇은 곳은 0.5mm, 두꺼운 부위는 손바닥, 발바닥으로 6mm 정도이다.
피부 색	피부색은 멜라닌, 헤모글로빈, 카로틴의 색소에 의해 결정된다. 피부의 색은 개인별, 지역별, 인종별, 인체 부위별로 모두 다르다.
피부표면	피부 표면은 삼각 또는 마름모꼴의 다각형이다.
표피 발생	표피의 발생은 **외배엽**에서부터 시작된다.

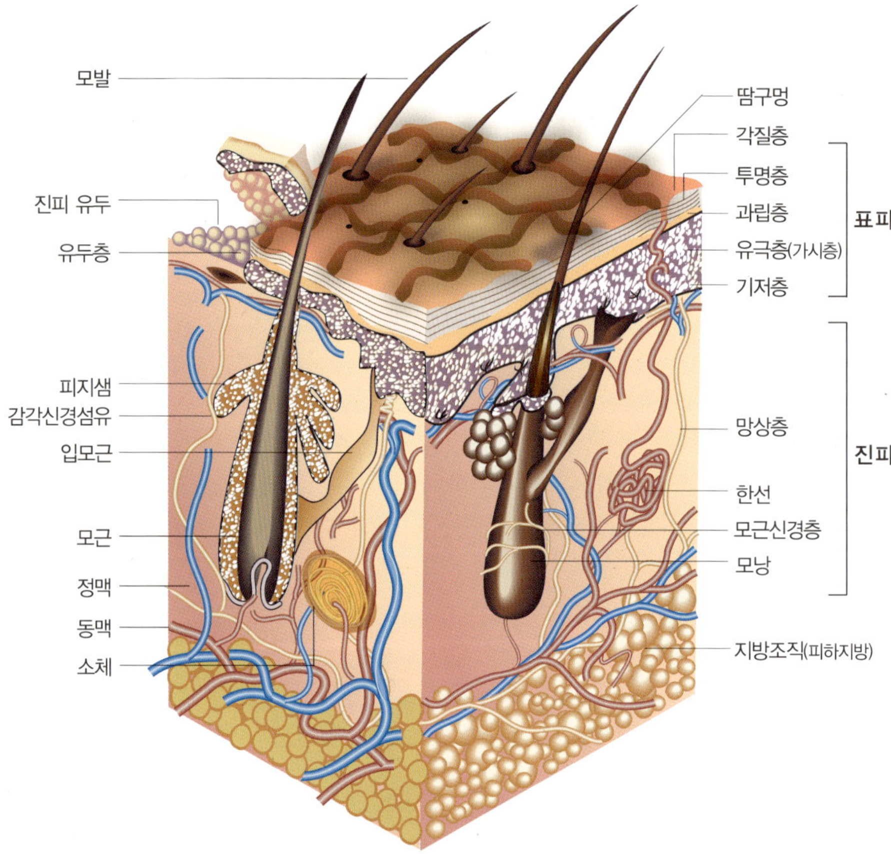

[피부의 구조]

1) 피부의 구조

피부는 표피, 진피, 피하지방으로 구성되어 있다. 표피는 육안으로 볼 수 있는 피부의 겉껍질로서 5개의 층으로 구성되어 있고 위쪽으로 올라가면서 수분함량이 적어지고 피부방어기능을 갖는 각질형성세포가 순서대로 배열되어 있다. 피부의 중간층에 위치하는 진피는 그 주요성분이 섬유상 구조단백질인 교원질이고 가장 내부에 위치하는 피하지방은 배아층으로 지방세포로 구성되어 있다.

(1) 표피(Epidermis)

표피는 상피조직(epithelial tissue)으로 구성되어 있는 가장 바깥쪽 부분의 핵이 없는 세포로 이루어져 있으며, 비늘모양의 죽은 피부세포가 엷은 비듬이나 때처럼 박리현상을 일으키는 피부층이다. 표피는 모두 다섯 층으로 구성되어 있으며 위에서부터

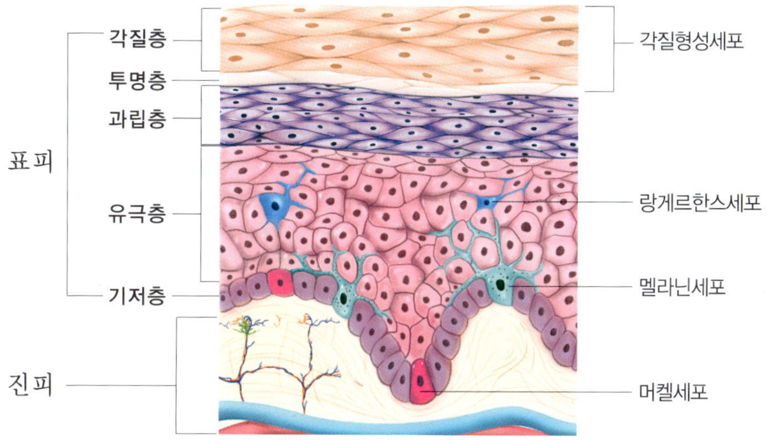

[표피의 구조와 구성세포]

각질층(horny layer), 투명층(clear layer), 과립층(granular layer), 유극층(spinous layer), 기저층(basal layer)으로 되어 있다.

① 각질층(Horny layer)

각질층은 피부의 맨 위층으로 얇은 널빤지 모양의 호산성 각질형성세포가 16~24층으로 겹겹이 쌓여있는 형태이다. 각화가 완전한 세포들로 이루어진 층이다. 이 세포는 기저층에서 생성된 각질형성세포가 분열하여 각질층에 도달했을 때에는 단단하고 얇고 건조한 형태의 케라틴이라는 단백질로 구성된다. 주성분은 천연보습인자(NMF)와 케라틴, 세라마이드(ceramide)가 있다. 외부자극으로부터 피부를 보호하고 이물질의 침투를 막는 역할을 한다. 멜라닌 구조를 이룬다.

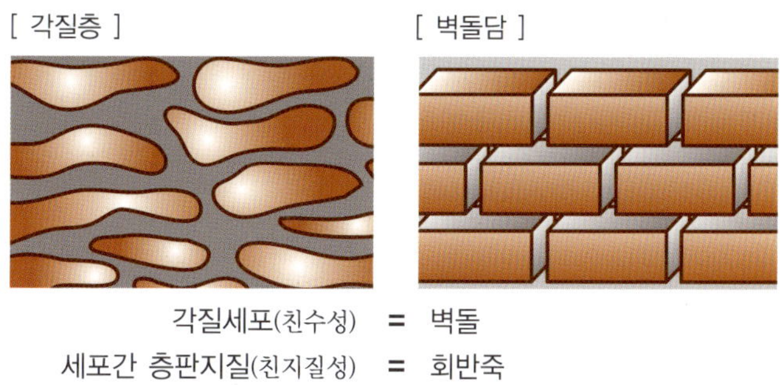

[각질층의 구조]

② 투명층(Clear layer)

투명층은 평평한 형태의 세포가 2~3층으로 구성되어 있고, 인체에서 손바닥과 발바닥 피부와 같이 두터운 부분에 주로 존재하는 층으로 빛을 강하게 굴절시키는 작용을 한다. 투명층 세포가 투명하게 보이는 이유는 엘라이딘(elaidin)이라는 반유동성 물질이 함유되어 있기 때문이며, 투명층은 수분이 흡수되지 않는다.

③ 과립층(Granular layer)

과립층은 케라토히알린(keratohyalin)이라는 작은 과립 형태의 물질을 포함하는 세포가 2~5개 층으로 이루어져 있다. 이 층은 피부 외부로부터 물질(수분)침투와 피부 내부의 수분유출을 막아주는 역할을 하고, 빛을 산란시켜 자외선의 80%가 흡수된다.

④ 유극층(Spinous layer)

유극층은 가시모양의 돌기가 있어 가시층이라 하기도 하며, 이 가시가 다른 세포와 연결되어 5~10층을 구성하기 때문에 표피를 형성하는 층에서 가장 두터운 층이고, 핵(유핵)을 포함하는 층이다. 유극층은 영양공급과 랑게르한스 세포가 있어 면역 기능을 담당한다.

⑤ 기저층(Basal layer)

기저층은 피부표면의 상태(피부재생) 및 피부색과 관련한 중요한 기능을 한다. 기저층은 표피 맨 아래층으로 단층의 원주형 또는 입방형세포(기저세포)로 구성되며, 호염성 세포질과 계란형의 핵을 갖고 있다. 기저층은 진피의 유두층과 물결모양(파상형)을 이루며 접하고 있는데, 진피로부터 혈액을 통해 영양분과 산소 등을 공급받아 기저세포 분열을 촉진하는 역할을 한다.

- 각질형성세포와 멜라닌형성세포가 가장 많이 존재 하는 세포층이다.
- 피부색상을 결정짓는 주요 요인인 멜라닌 색소를 만들어 내는 피부층이다.

■ 표피의 구성세포

각질형성세포 (keratinocyte)	· 피부의 각질(케라틴)을 만들어 내는 세포이다. · 표피의 바깥 부분을 이루며 표피 세포의 80%를 차지한다.
멜라닌 세포 (색소 세포)	· 표피의 기저층에 산재하며 자외선으로부터 피부를 보호한다. · 멜라닌 세포 수는 민족과 피부색에 관계없이 일정하다.
랑게르한스	· 표피의 유극층에 존재하며 피부의 면역 반응에 관여하는 세포이다.
머켈세포	· 표피의 기저층에 존재하며 표피에서 촉감을 감지하는 세포이다.

(2) 진피(Dermis)

진피는 표피와의 사이에 존재하는 기저막을 경계로 위치한다. 기저막은 표피와 진피를 단단히 얽히게 하여 경계가 되는 얇은 막으로 물결모양의 요철구조를 이루어 표면적을 넓게 하여 물질교환을 원활하게 하기 위함과 동시에 서로 단단히 결합한다. 진피는 약 2~4mm의 두께로 표피보다 10~40배 정도 더 두꺼우며, 엘라스틴(elastin)과 콜라겐(collagen)섬유가 그물처럼 짜여져 있어 피부의 난력을 관장하며, 히아루론산의 주성분인 뮤코 다당류도 존재한다. 진피는 표피에 영양분을 공급하며 상처를 치유할 경우에 표피와 상호작용을 한다.

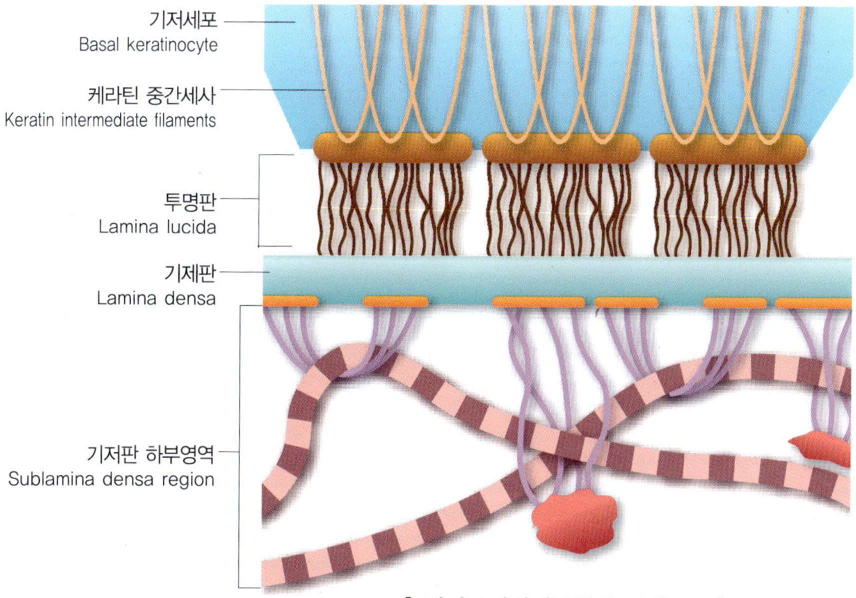

[진피표피경계부위의 미세구조]

① 유두층(Papillaray layer)

유두층은 진피의 10~20%로 세혈관, 림프관, 신경 조직이 있다. 피부가 노화될수록 유두 돌기가 편평하게 변하고, 표피로의 영양 공급과 노폐물을 배출하며 피부의 탄력성이 저하된다.

- 진피층의 상부에 위치하며, 작은 원추형 돌기로서 유두모양이다.
- 피부의 영양공급 및 분비, 감각 등의 중요 기능을 담당한다.
- 모세혈관, 림프관, 신경, 한선, 피지선이 분포되어있다.
- 혈관을 통하여 기저층에 영양분을 공급한다.
- 수분을 다량으로 함유하고 있다.

② 망상층(Reticular layer)

진피의 대부분을 차지하며, 그물모양의 섬유성 결합조직으로 **교원섬유**(collagen: 콜라겐)와 **탄력섬유**(elastin: 엘라스틴)가 주성분으로 이루어진 피부 조직이다.

- 진피의 4/5를 차지할 정도로 가장 두꺼운 부분이다.
- 옆으로 길고 섬세한 섬유가 그물모양으로 구성되어 있는 층이다.
- 피하조직과 연결되어 있다.

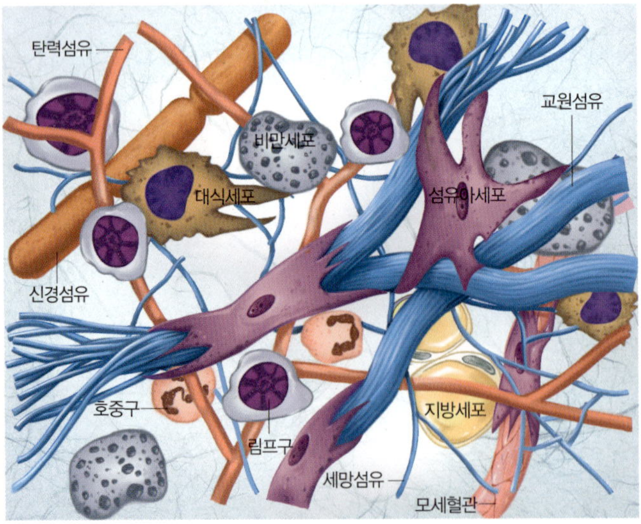

[망상층의 구조]

2) 피부의 기능

피부의 기능에는 물리 화학적 자극으로 부터 인체를 보호하는 보호작용, 일광에 노출되었을 때 비타민 D의 합성, 덥거나 추울 때 체온 조절 작용, 체내의 이물질이나 노폐물 등을 분비 · 배설 하는 작용이 있다. 그리고 외부의 자극을 감지하여 뇌에 전달하는 지각 작용(감각 작용), 외부로부터 온도를 호흡하고 흡수하는 작용, 얼굴의 근육으로 의사나 감정을 나타내는 표정 작용, 새로운 세포를 만들어 내는 재생 작용, 표피에 있는 면역 반응에 관련하는 세포들이 생체방어기전에 관여하여 우리 몸을 보호하는 면역 작용 등이 있다.

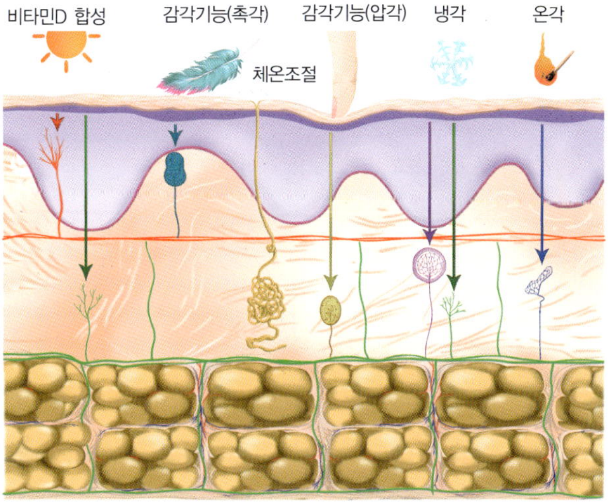

[피부의 생리작용]

보호기능	· 세균, 미생물로부터 방어하고, 태양광선으로부터 피부를 보호한다. · 피하조직의 지방에 의한 쿠션역할을 하여 피부를 보호한다.
흡수기능	· 피부의 탄력유지, 피부의 파열을 방지하는 스프링 역할을 한다.
교환기능	· 프로비타민 D가 자외선을 받으면 비타민 D로 전환된다.
저장기능	· 표피층, 진피층, 피하지방은 각종 영양분과 수분을 유지하고 있다.
분비·조절기능	· 피부는 땀과 피지를 통해 노폐물을 분비, 배설한다.
감각기능	· 신경에 의해 촉각, 온각, 냉각, 통각 등을 느낀다.
비타민D기능	· 비타민 D로 자외선을 만나 생성된다.

3) 피부의 부속 기관(Skin appendage)

피부에는 피부의 기능을 도와주기 위해서 피부 자체로부터 발생하고 진화한 기관이 있다. 체온유지와 몸에 상처가 생기는 것을 방지하는 털, 피부 표면을 부드럽게 하는 피지샘, 체온을 조절하기 위한 땀을 분비하는 한선, 물체를 잡거나 누르기 위한 손톱과 같은 피부부속기관은 손가락과 발가락 끝을 보호하는 피부기능을 보충하기 위해서 발달한 기관이다. 땀샘은 인체 일부인 입술, 귀 뒤, 고막을 제외한 전신에 존재하며 체온 조절과 독소 배출 기능을 하며 아포크린선과 에크린선의 두 종류가 있다. 피부표면에 피지를 분비하는 피지샘은 진피층에 위치하며 나이, 성별, 계절, 피부의 온도에 따라 각각 다르다.

2. 모발(Hair)

모발이란 일반적으로 사람의 털의 총칭하는 말로 머리카락과 그의 신체에 나 있는 모든 털을 포함하는 의미이다. 모발은 털이 난 부위에 따라서 두발(頭髮 hair) · 수염 · 속눈썹 · 코털 · 귀털 · 겨드랑이털 · 음모 등으로 불린다. 또한 생물학적으로 말하고자 할 때는 포유동물만이 가지고 있는 단단하게 밀착되고 각화된 상피 세포로 이루어진 고형의 원추세포이다. 이렇게 모발이란 광범위한 용어이므로 우리가 여기서 다루는 것은 정확히 말하면 두발이라고 말할 수 있다.

1) 모발의 기원

모발의 기원은 정자와 난자의 수정(受精 fertilization)을 통한 하나의 수정란으로부터 시삭된다. 수정란은 세푸분열 난할(卵割 cleavage)을 하여 여러개의 세포로 할구(割球 blastonmere)을 형성한다. 다시 말하면 수정란은 난할을 하여 2세포기(수정 후 약 30시간), 4세포기(수정 후 40~50시간), 8세포기(수정후 72시간)를 거쳐 자궁강에 도착한 12~16세포기(수정 후 3~4일)의 것으로 이때의 할구 덩어리는 투명대로 둘러싸여 마치 오디처럼 보이기 때문에 이시기의 배(胚)를 상실배(桑實胚 morula)라하고 상실기라 한다. 상실배 중앙에는 난할강(할강)이라는 빈곳이 생기며 상포층으로 둘러싸여 중앙에 큰 난할강, 포배강(胞胚腔 blastocoel)을 갖는 고무공과 같은 포배(blastocyst)로 되어, 이시기를 포배기라한다. 바깥쪽의 세포층을 외배엽(外胚葉 ectoderm), 원장의 벽을 만들고 있는 안쪽의 세포층을 내배엽(內胚葉 endoderm), 이중의 벽을 갖는 주머니 모양의 배를 형성하여 낭배(囊胚 gastrula)기 라한다.

외배엽_ 표피로부터 분화하여 비늘 · 각질층 · 깃털 · 뇌 · 척수 및 신경계통의 감각기관들을 만든다.
중배엽_ 근육 · 골격 · 혈액 · 순환기관 · 배설기관과 생식기관을 만든다.
내배엽_ 소화기관과 내상피층 · 간 · 이자 등을 만든다.

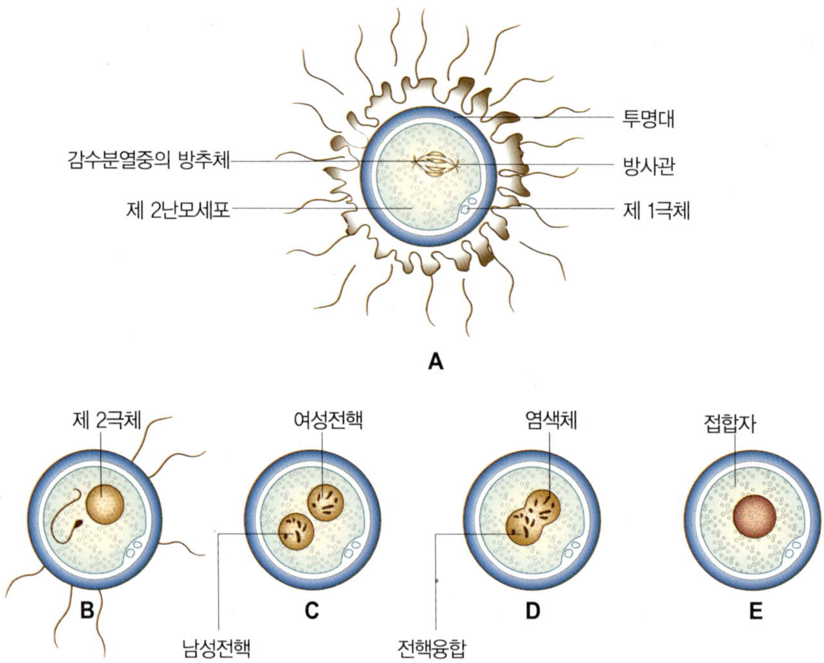

[수정과정의 모형도]

A . 수정직전의 제 2난모세포
B . 방사관 소실, 정자가 난자내에 진입
C . 정자두부가 확대되어 남성전핵 형성
D . 양 전핵의 융합
E . 접합자의 형성

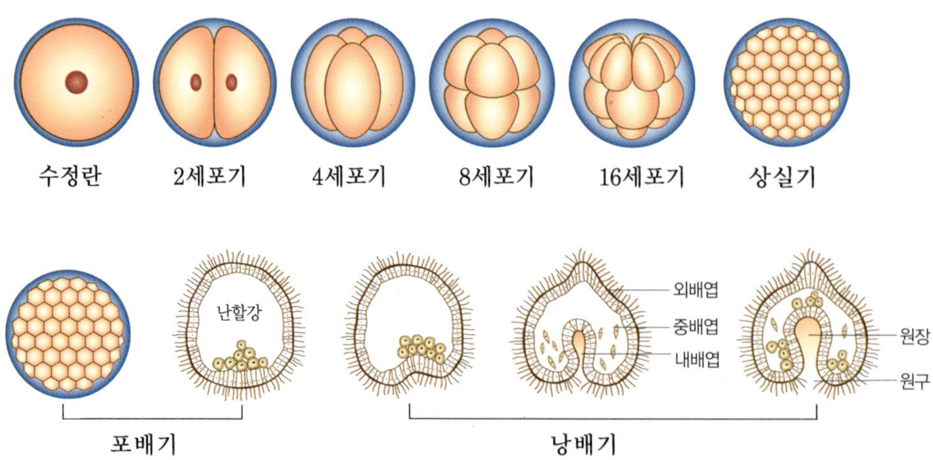

[발생과정의 모식도(등황란, 등할)]

2) 모발의 발생

모발은 손톱, 발톱과 같은 피부의 부속물로서 세포의 분화 과정을 통해 특별한 구조와 기능을 갖게 된다. 수정란은 세포분열을 통해 초기의 배아를 형성하고 보다 복잡한 모양인 낭배를 만든다. 모발은 태생기에 표피의 함몰로 모낭이 형성되면서 시작된다. 모발의 발생기는 전모아기(前毛芽期), 모아기(毛芽期), 모항기(毛杭期), 모구성모항기(毛球性毛杭期), 완성모낭(完成毛囊)으로 나뉜다.

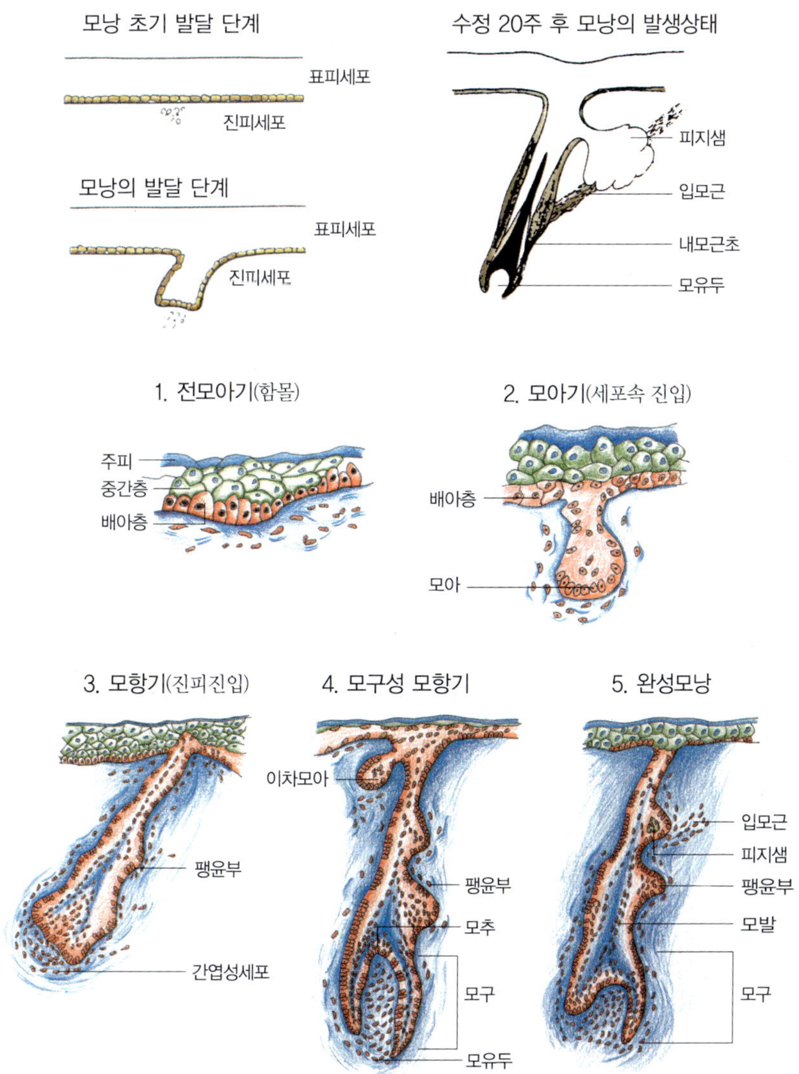

[모낭의 형성과정]

태생초기의 표피가 배아층(胚芽層), 중간층(中間層), 주피(周皮)로 나누어지고 배아층의 세포가 밀집하게 되는데 모낭의 형성 이전을 전모아기라 한다. 배아층의 중간층 세포가 진피 속으로 함몰되는 시기를 모아기라 하며, 모아가 기둥모양으로 진피 내에 깊숙이 형성되는 시기를 모항기라 한다. 모낭기둥면에 피지샘과 기모근의 근원 부분이 부풀어오고 모낭 끝이 둥글어지면서 간엽성 세포의 집단이 모유두의 형성을 예고하는 시기를 모구성 모항기라 하며, 조직의 분화로 비로소 모발을 만들어낼 수 있는 성숙한 모낭을 완성모낭이라고 한다.

3) 모발의 분포

모발의 분포는 손바닥, 발바닥, 손가락 및 발가락의 말단부, 점막의 경계부, 귀두부를 제외한 몸 전체에 나 있는데 그 발생장소에 따라 길이나 굵기가 다르다. 모발은 임신 3~4개월이 되면 태아의 몸에 얇고 가는 태모(laungo hair)가 생기기 시작하여 임신 8개월째 모두 탈락하고 그 후 두꺼운 연모(vellus hair)로 바뀐 후 태어난다. 출생 후에는 성장과 더불어 부위별로 보다 길고 더 두꺼운 성모(terminal hair)로 바뀐다. 성모는 성장 시기 부위나 성별에 따라 다르며 성모는 다시 길이에 따라 단모와 장모로 구분한다. 모발의 수는 전신에 약 130~140만 개가 나있는데 그 중 두피 모발은 약 10만 개 정도이다. 모발의 수는 출생 시에 결정되며 출생 후에는 모낭이 새로 생기지 않으며 모발의 성장 속도는 약 0.35mm/day정도이다.

4) 모발의 기능

모발은 피부에서 형성된 조직으로 외부 환경으로부터 보호의 기능을 가진다. 더위나 추위는 물론 마찰의 충격을 완화해주며, 눈썹은 땀의 흐름을 유도하고, 속눈썹과 코의 털은 먼지나 이물질을 막아 점막을 보호해준다. 또한 인체에 유해한 비소, 수은, 아연과 같은 중금속을 배출하는 기능도 있다. 이러한 본원적인 기능 외에 장식적 요소로 개성을 표현하는 수단으로 사용되기도 한다.

(1) 보호의 기능

전신에 존재하는 털은 외부의 충격이나 직사광선, 추위, 더위 등으로부터 인체를 보호하며, 털의 생성부위에 따라서는 벌레(코털)나 이물질(코털, 귀털, 속눈썹 등), 땀의 유입(눈썹 등)등을 막아주기도 한다. 또한 두부에 존재하는 두발의 경우에는 외부의 충격으로부터 뇌를 보호하는 중요한 기능을 지니고 있으며, 겨드랑이 털의 경우에는 피부사이의 마찰로부터 피부손상을 막아준다.

(2) 배출의 기능

인체의 털은 몸 안에 쌓여있는 수은, 비소, 납 등의 중금속을 간 다음으로 가장 많이 체외로 배출하고 있으며, 이러한 이유에서 죽은 사람의 사인을 규명하는 과정에 쓰이기도 한다. 또한 두발에 존재하는 미네랄의 함유량 및 중금속 수치 파악 등을 통하여 인체의 건강상태를 파악하는 자료로 활용하고 있다.

(3) 장식의 기능

현대사회에서 기능 중 가장 부각되는 기능으로 사람의 이미지를 나타내는 요소들(얼굴, 의상, 화장, 키 등) 중에서 상당부분을 차지하고 있는 것이 모발에 대한 장식의 의미이며, 이러한 모발의 기능은 탈모관리나 두피관리 전문샵 및 헤어샵(hair shop)들의 성행 등을 통해서도 쉽게 알 수 있는 부분이다. 또한 시대에 따라서는 남, 녀의 특징을 잘 나타내는 기능도 지니고 있으나, 현대에 와서는 이러한 부분은 많이 없어진 상태이다.

(4) 감각 전달의 기능

두피밖에 모간부는 스스로의 세포분열 능력이 없는 죽은 세포로 모간 부위만을 볼 때는 감각이 없는 실과 같지만, 모근부 주위에 존재하고 있는 지각신경에 의하여 외부로부터 자극에 우리의 인체가 반응하도록 하는 기능을 지니고 있다.

5) 모발의 생성조건

1. 표피층이 건재할 것
2. 체내 순환에 장애가 없으며 모세혈관이 정상으로 기능하고 있을 것
3. 자율신경이 정상으로 기능하고 있을 것
4. 단백질 합성효소가 정상으로 기능하기 위해 필요한 호르몬, 비타민, 미네랄 등이 정상적으로 보급하고 있을 것

Chapter 2 모발의 구조적 특성

1. 모발의 구조
2. 모발의 형태
3. 모발의 분류

1. 모발의 구조(Structure of hair)

모발(毛髮)은 표피가 진피를 향해 아래 방향으로 뻗어나가 생긴 움푹 패인 곳에 나 있다. 그것을 모구(毛包 bulb)라고 하고 그 벽은 모낭(follicle)벽이며 표피로 덮여 있다. 모발은 피부표면에 나와 있는 모간(毛幹)부와 모낭속의 모근부 2가지 부분으로 나뉜다. 모간의 근원은 공 모양으로 부풀어 있어서 모구라고 한다. 모근은 모낭, 모구, 모유두, 모모세포, 내 · 외모근초, 피지샘, 입모근 등으로 구성되어 있고 모간은 모표피(cuticle), 모피질(cortex), 모수질(medulla)로 구성되어 있다.

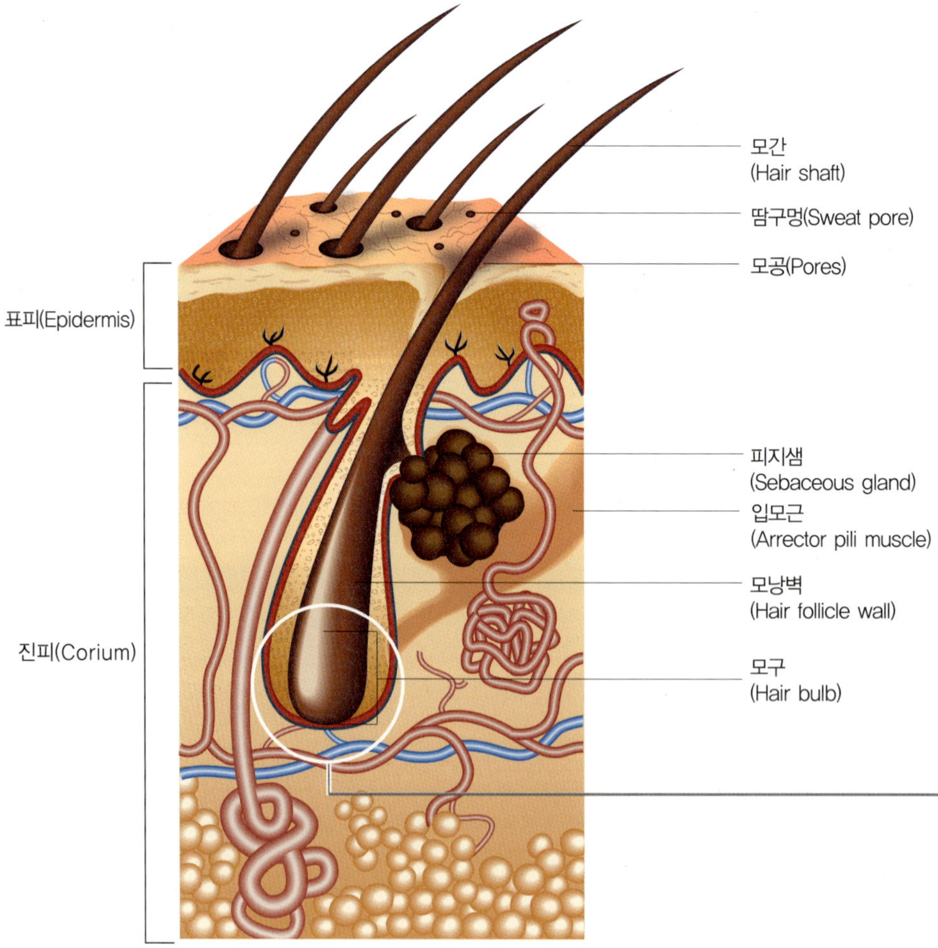

[피부의 구조]

1) 모근부(Hair root)

모근부의 구조는 모낭, 모구, 모유두, 모모세포, 피지샘, 입모근, 색소세포 등으로 이루어져 있다.

주 요 소	구 조 와 기 능
모낭 follicle	모근을 감싸고 있으며, 내 · 외층의 피막으로 되어있다. 내층에 있는 피막은 상피성 모낭이며, 외측에 있는 피막은 결합조직성 모낭이다. 이 모낭 사이에 초자막이 있어 두 모낭을 구분하고 있다.
모구 bulb	모근의 가장 아랫부분에 둥글게 부풀린 부분이며, 모구의 최대지름보다 밑에 있는 모모기와 위에 있는 상모구로 되어 있다.
모유두 papilla	진피돌기로 유두(乳頭)모양이며, 모구의 바깥쪽에 위치한다. 모세혈관과 자율신경에 연결되어 있다.
모모세포 hair mother cells	모발의 기원이 되는 세포로 모유두 위에 접해 있다.
피지샘 sebaceous gland	피지를 분비하는 샘으로 모낭벽에 붙어있다.
입모근 arrector pili muscle	공포를 느끼거나 추울 때는 수축하여 털을 서게하는 근육으로 피지샘의 아래쪽에 붙어 있다.
색소세포 melanocyte	멜라닌 색소를 생성하는 세포로 모모세포층에 주로 분포되어 있다.

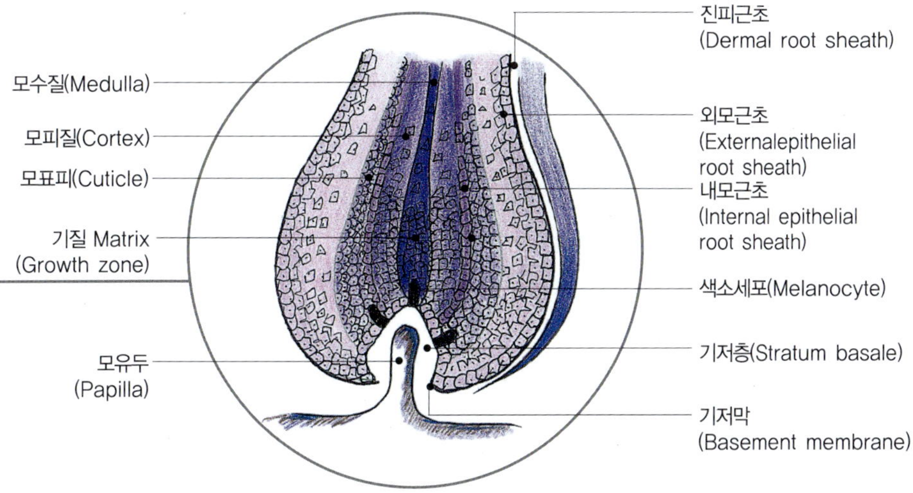

[모구의 구조]

(1) 모낭(Follicle)

모낭은 외층의 표피와 내층의 진피가 연결되어 원통상을 이루면서 모근을 싸고 있는 형태로 모발이 생성되어 각화되기까지 보호하며 표피까지 운반해준다. 모낭의 도관으로 피지샘과 한선이 연결되어 있어 분비되는 땀과 혼합되어, 피부의 산성막을 형성시켜주고 피부를 보호해준다. 또한 그 옆에 민무늬근으로 된 기모근이 붙어서 털을 직립시키는 작용을 한다.

(2) 모구(Bulb)

모구는 전구모양 혹은 양파모양으로 모근 밑에 둥글게 자리 잡고 있으며 모유두와 연결되어 있다. 모발과 이를 보호하는 내모근초와 외모근초가 만들어지는 중요한 곳이다.

(3) 모유두(Papilla)

모유두는 모낭 바닥에 있는 특이한 조직으로 가운데가 오목한 모양을 하고 있다. 모모세포가 빈틈없이 짜여 있고 모세혈관이 엉켜 있으며, 모발을 성장시키는 영양분과 산소를 운반하고 세포분열이 시작되는 곳이다. 모세혈관과 자율신경이 분포되어 있다.

(4) 모모세포(Keratinocyte)

모모세포는 모유두를 감싸고 있는 가장 중요한 모발 구성 요소이다. 모세혈관을 통해 모유두에 산소와 영양을 공급하고, 활발한 세포분열과 증식을 하며 모발을 성장시키는 것이다. 즉 모유두의 정점 부분에서는 모수질이 된 세포가, 그 아래 부분에서는 모피질이 된 세포가, 가장 아래 외측으로는 모표피가 된 세포가 분열 하여 위로 밀리며 모발의 형상을 갖추어 성장하는 것이다.

(5) 색소세포(Melanocyte)

모모세포분열 시 모모세포에 있는 색소세포로부터 생성되어 연한 모피질 속에 같이 함유 하여 모발의 색을 결정해준다. 인종과 개인에 따라 색소 입자에 따른 차이로 다양한 색이 나타나게 된다.

(6) 내모근초 · 외모근초(Inner root sheath)

내 · 외모낭 내의 모발을 직접 감싸고 있는 부분으로 내모근초는 표피의 각질층과 과립층, 유극층으로 구성되어 있고, 외모근초는 기저층으로 구성되어 있다. 내 · 외모근초는 모구부의 세포분열로 생성되며 서로 다른 세포로서, 내모근초는 모발을 직접 보호하고 표피까지 운반하며 각질화되어 비듬이 되며 외모근초는 기모근 근처까지 위로 올라간다.

(7) 입모근(기모근, Hair muscle)

날씨가 춥거나 겁에 질렸을 때에 입모근이 수축하여 털을 세우고 소름이 돋는 현상을 나타내는 근육이다. 표피에 접하는 유두부에서 모낭에 달하는 미소한 평활근으로 털의 경사면에 존재하며 털의 외피 표면에 수직인 경사면에서 다소 옆으로 기울어져 있어 모구의 뿌리를 피부를 향해 비스듬히 끌어당기게 된다.

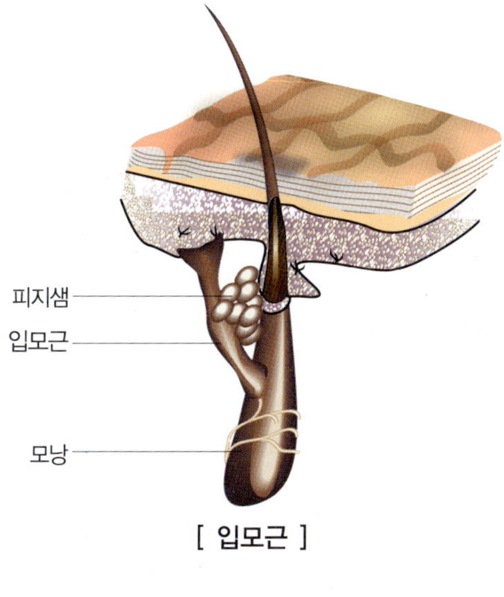

[입모근]

2) 모간부(Hair shaft)

모발(毛髮)의 단면을 보면, 중심을 에워싸고 3개의 층으로 이루어져 있다. 중심은 모수질(毛髓質 medulla)이고 그 주위를 모피질(毛皮質 cortex)이 둘러싸고 바깥 표면은 모표피(cuticle 큐티클)로 가장 얇은 부분이다. 모든 물질은 원자, 분자, 그리고 분자들의 중합체로 이루어져 있다. 모발 또한 예외는 아니다. 모발의 약 90% 이상을 차지하는 물질은 케라틴 단백질이고 이것이 모여 모표피, 모피질, 모수질을 이루게 된다.

[모간부의 미세구조 모식도]

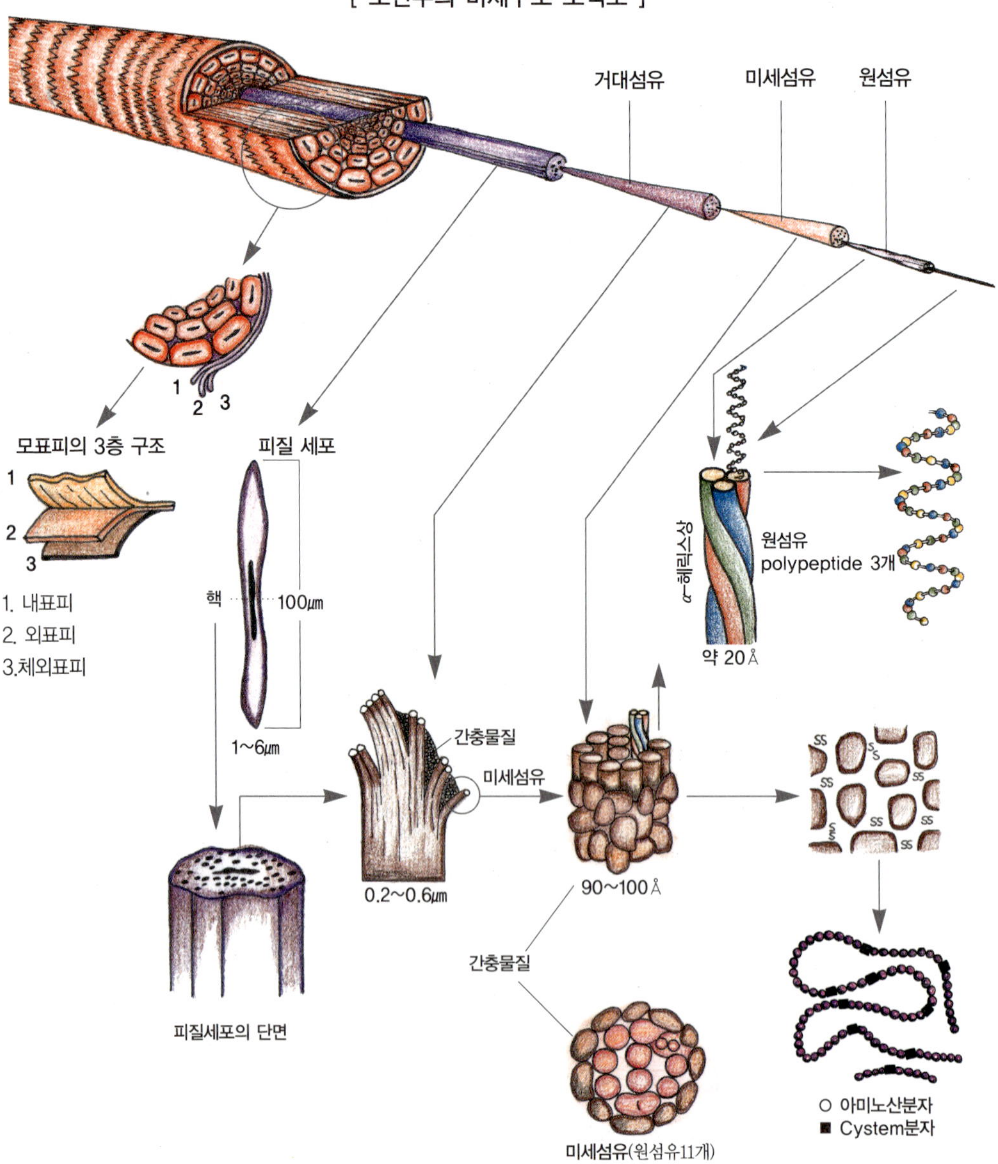

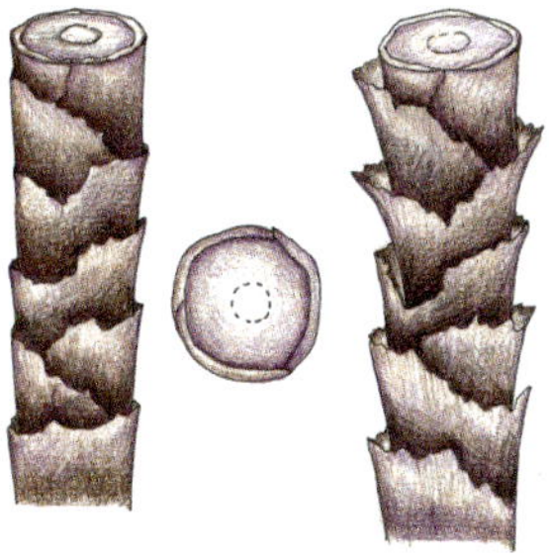

[모표피]

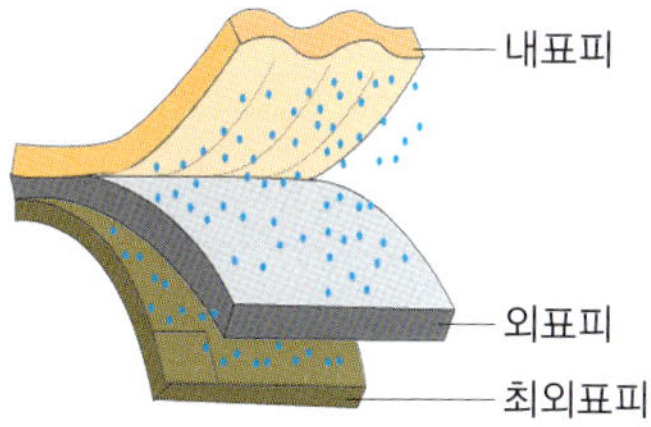

[모표피의 3층구조 내 CMC]

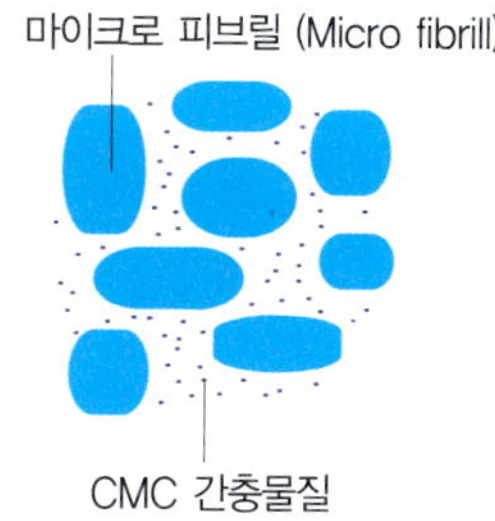

[CMC 분자 집합도]

(1) 모표피(Hair cuticle)

모표피 세포는 모발의 가장 바깥 부분으로 편평하고 핵이 없는 판상의 세포로 단단한 케라틴으로 구성되어 있다. 인종과 개인에 따라 5~15층으로 모표피가 겹쳐진 문리(紋理) 모양으로 모발을 보호해주고 광택을 내며 모발 손상의 척도가 되는 곳이다. 친유성(親油性)으로서 물과 약품의 침투와 작용에 대한 저항력이 있으며, 물리적인 자극으로 모표피의 손상, 박리, 탈락 등이 발생되면 모피질에 손상을 주게 된다. 건강모일수록 견고하게 결합되어 있으며 모발의 바깥층으로부터 에피큐티클(epicuticle, 최외표피), 엑소큐티클(exocuticle, 외표피), 엔도큐티클(endocuticle, 내표피)의 3개 층으로 구성되어 있다.

① 최외표피(Epicuticle)

가장 바깥 부분에 위치하며 두께는 10㎛ 정도의 얇은 막으로 수증기는 통과하지만 물은 통과하지 못한다. 친유성으로 외부 환경으로부터 알칼리성과 같은 화학약품에 저항성이 높은 층이다. 단단하기는 하지만 부스러지기 쉬워 물리적인 자극을 받으면 손상되기 쉽다.

② 외표피(Exocuticle)

연한 케라틴질의 층으로 시스틴 함량이 높으며 불안정하여 퍼머제에 의한 시스틴 결합을 절단하는 약품의 작용이나 화학적 약품에 대한 자극을 받기 쉬운 층이다.

③ 내표피(Endocuticle)

친수성으로 모표피과 세포막 복합체로 접하고 있으며, 시스틴 함량이 적어 약품에 대한 저항력이 강하나 알칼리성에는 약하다.

(2) 모피질(Hair cortex)

모피질은 모수질을 감싸고 있는 모발의 80~90%를 차지하며 섬유 조직으로 구성되어 있다. 즉, 방추 모양의 결정 영역인 피질세포와 비결정영역인 간충물질로 색소과립인 멜라닌을 함유하고 있다. 섬유의 횡 방향은 유연한 케라틴(keratin)으로 되어 있지 않아 모발을 횡으로 절단하기 어렵고 종으로는 비교적 쉽게 갈라진다. 염색이나 퍼머넌트 등 대부분 미용의 화학적처리가 이루어지는 곳이다.

① 피질세포(Cortical cell)

피질세포는 길이가 약 100㎛, 직경이 1~6㎛, 두께가 1.2~1.6㎛ 정도이며, 단단한 폴리펩티드 결합이 길게 연결되어 있으며, 멜라닌 색소와 중앙에 방추형의 섬유 구조의 매크로 피브릴(macro fibril)이 있다. 수소 결합이 강하게 결합되어 화학반응이 어려우며, 매크로 피브릴, 마이크로 피브릴, 프로토 피브릴, 폴리펩티드로 더 세분화된다.

거대섬유 (Macro fibril)	거대섬유는 장축 방향의 섬유 조직으로 조직 사이에 불규칙한 간충물질로 구성되어 있다.
미세섬유 (Micro fibril)	프로토 피브릴이 중앙에 2본 원주에 9본으로 전체 11본으로 배열되어 있으며, 섬유조직 사이에 간충물질이 있다.
원섬유 (Proto fibril)	원섬유는 아미노산의 폴리펩티드 결합으로 되어 있으며, 3개가 α-helix 상의 원통모양으로 구성되어 있다.

② 간충물질(Matrix)

간충물질은 결정 영역의 규칙적인 배열과는 달리 짧은 코일상의 부정형이 복잡한 배열로 되어 있다. 수소결합이 약하여 유연하고 화학 반응으로 손상받기 쉬우며 피질세포 사이를 연결해주며 모발의 컬과 탄력성을 결정한다. 모발을 구성하는 간충물질의 약 49% 이상을 세라마이드라는 성분이 차지하며 수분 증발을 억제함과 동시에 수분과 결합되어(시멘트 효과) 간충물질의 구조 형성이나 기능에 관계한다.

Chapter 2

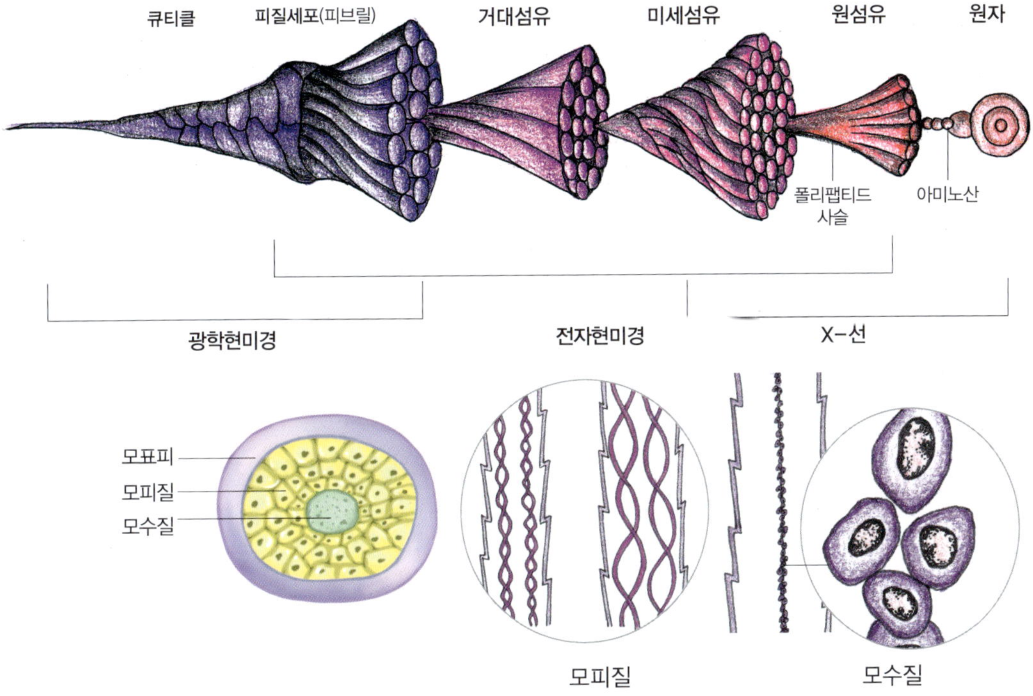

[모간부의 구조]

■ 세포막복합체(CMC: Cell Memabrane Complex)

단백질과 지질을 포함하고 있는 단위 세포막으로 표피와 표피사이, 피질간 세포사이에서 접착제 역할을 한다. 기능으로는 모피질 내의 수분이나 단백질의 용출을 막고 외부로부터의 이물질의 침입을 막는다. 또한 펌이나 염색 등의 화학적 팽윤 연화에 의해 벌어져 약액 등의 통로 역할을 한다. 하지만 이 층은 펌이나 염색 시술 시에 내부의 단백질을 밖으로 용출시키는 통로가 되어 모발 내부 구조를 무너뜨려서 모발 손상의 주요 원인이 되기도 한다.

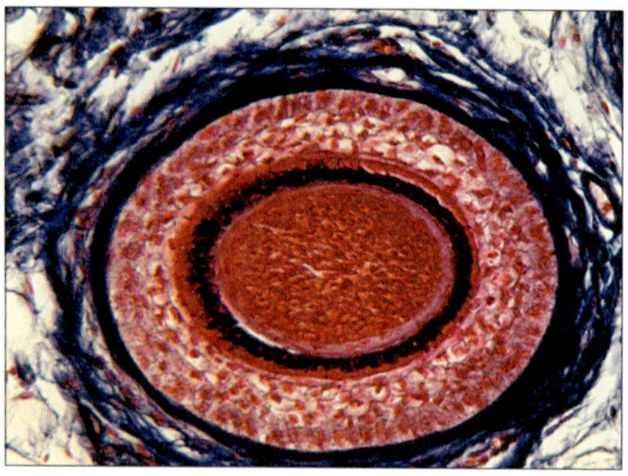

모발의 중심부, 수질은 부드러운 케라틴으로 구성되어 있다. 수질을 감싸고 있는 부분이 큐티클로서 머리의 탄력성을 좌우한다.

(3) 모수질(Hair medulla)

모수질은 모발의 가장 중심부로 속이 비고 죽어 있는 세포들이 모발의 길이 방향으로 쌓여 내부가 벌집 모양을 한 빈 공간 속에 공기를 함유하고 있다. 공기의 양이 많을수록 모발에 광택을 준다. 또한 보온과 관계해서 추운 지방의 동물의 털일수록 모수질이 특히 발달되어 있다.

일반적으로 모수질이 많은 모발은 퍼머넌트 웨이브가 탄력 있게 나오는데 이는 퍼머넌트 약제의 찌꺼기가 모수질로 배출하기 때문이다. 모수질은 모든 모발에 존재하는 것은 아니며 연모에는 없고 경모에 있다.

2. 모발(毛髮 Hair)의 형태

1) 모발(毛髮 Hair)의 모양

털은 민족 ,성별, 연령, 개인에 따라 차이가 있으나 , 황인종처럼 곧은 모(직모 直毛)가 있는가 하면, 서양인은 두발이 약간 구불구불한 웨이브(파생모 毬狀毛) 를 만들고 있다. 그에 비해 흑인종은 곱슬곱슬한 형태의 축모(구상모 毬狀毛)를 가지고 있다. 이렇듯 모발은 일반적으로 직모(直毛), 파상모(波狀毛), 축모(縮毛)의 3가지로 크게 분류할 수 있다.

(1) 직모(Straight hair)

직모는 동양인에게 많은 형태로 모경지수가 75~85 정도로 직선상(直線狀) 또는 매우 약하게 물결치는 모양의 머리카락이다. 모낭(follicle)이 피부 표면으로부터 일직선으로 세워져 있으며 모발 단면은 둥근형이다. 아시아의 황인종, 에스키모, 아메리카 인디언, 폴리네시아인 등이 포함된다.

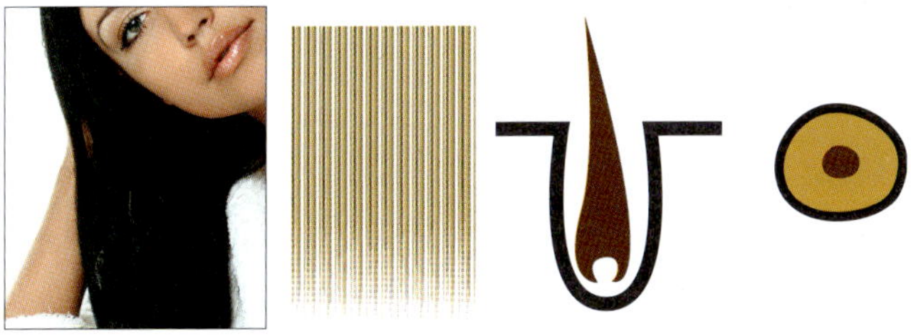

(2) 파상모(Wavy hair)

파상모는 웨이브가 있는 모발로 모낭(follicle)이 피부 표면으로부터 비스듬히 누워 있으며 모발 단면은 타원형이다. 파상의 정도는 여러 가지이다. 정도가 강한 것은 굵은 코일 모양으로 감겨 있는 경우도 있다. 백인, 오스트레일리아 원주민, 인도네시아인, 에티오피아인종 등에서 볼 수 있다.

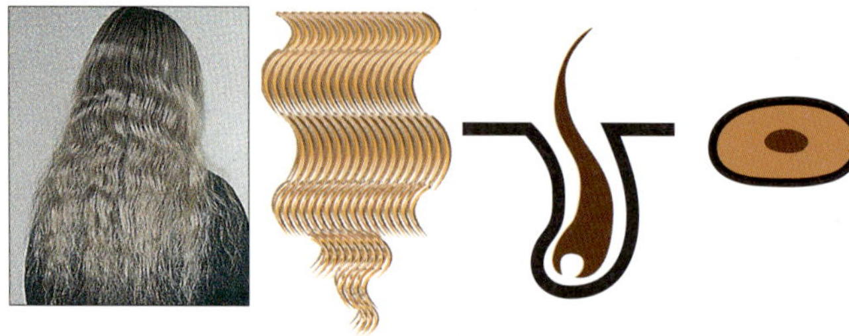

(3) 축모(Curly hair)

축모는 모경지수가 50 정도로 매우 작게 오그라진 모발로서 오그라진 것과 나선모가 있다. 나선모는 머리카락이 나선상(螺旋狀)으로 오그라들어 큰 콩알만한 크기로 조금씩 모여서 나 있는 것으로 머리카락이 몹시 강하다. 모낭(follicle)이 피부 표면으로부터 굽어진 형태로 모발 단면 모양이 납작한(flat)형으로 되어 있다. 일명 곱슬머리로서 주로 아프리카 흑색인종 · 코이산인종 · 멜라네시아제족 · 파푸아제족 · 안다만인 등에서 볼 수 있다.

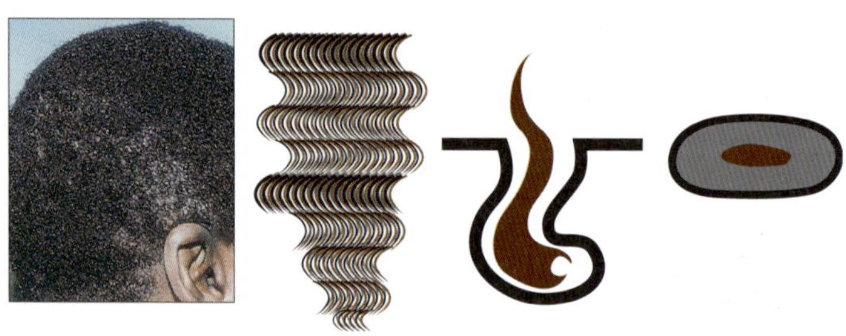

2) 모경 지수

모발의 형태에 따라 곱슬 거리는 정도를 수치로 나타낸 것을 모경 지수라 한다.

모경 지수 = 모발의 단경(최소직경) / 모발의 장경(최대직경) ×100

보통의 모발은 직경이 약 0.08~0.09mm 이고 가는 모발은 0.05~0.07mm 정도이며, 굵은 모발은 0.1~0.15mm 정도이다. 모경 지수가 100이면 완전한 원형으로 이보

다 작을수록 타원형에서 편평한 형태로 된다. 모경 지수를 인종별로 분류해보면 흑인 50~60, 백인 62~72, 동양인 75~85, 에스키모 77, 티벳인 80으로 나타난다.

결국 이 모경 지수가 80미만인 경우는 곱슬머리일 확률이 높다. 모발의 횡단면을 현미경으로 관찰하면, 직모는 동그란 편에 가깝고, 파상모는 약한 타원형이며, 오그라든 정도가 증가될수록 편평도(扁平度)가 강해진다. 또한, 모발이 난 방향은 직모가 두개골에 대하여 거의 직각으로 나 있는데 대하여 모발이 오그라들수록 비스듬한 방향으로 나 있으며, 이것은 모발의 모양이나 모류와도 관계가 있음을 알 수 있다.

동양인의 모발은 단면이 원형의 곧은 직모이고, 서양인의 모발은 타원형으로 길쭉하기 때문에 동양인보다 웨이브가 심한 곱슬모이다.

흑인의 모발은 서양인의 모발보다 타원 정도가 더 심해서 거의 납작하거나 경우 리본모양으로 곱슬모이다. 티벳 여인은 유난히 검고 윤기나며 직모의 모발을 가지고 있다. 같은 동양인이라도 모질이 다르며, 모발의 형질 중에서 변이가 가장 현저한 것은 색, 형상, 분포, 밀도, 모류(毛流) 등이다.

모발의 색은 금발에서 흑갈색 또는 완전한 흑색에 이르기까지 변이가 넓다. 이는 주로 모발 속에 함유되어 있는 멜라닌 색소 과립의 양과 종류에 따라 색이 달라지는 것이다. 유로피데(europide)를 제외한 인류는 거의 흑갈색 또는 흑색이다. 유럽에서는 다양한 색상을 볼 수 있는데, 대체로 북쪽은 엷은 색이고 남쪽으로 갈수록 진하게 된다. 또한 붉은 모발은 모발 세포 속에 용해되어 있는 황적색의 멜라닌 색소가 많이 함유된 것이다.

털이 나는 방향에는 흐름이 있는데 두정부(頭頂部)나 겨드랑이에는 와상(渦狀)의 부위가 존재한다. 일반적으로 여성보다 남성이 짙다. 또, 인종과 민족에 따라서 차이도 있으며, 백인은 흑인이나 황색인에 비하여 털이 많다. 체모의 색소량도 인종과 민족에 따라 다르며 부위에 따라서도 다르다.

▲ 동양인의 머리는 검은 생머리에 두껍고 다른 타입의 모발보다 굵다.

▲ 아프리카인의 머리는 단단한 곱슬머리며 짙은 갈색이다.

▲ 백인의 머리는 생머리부터 곱슬머리까지 다양하며 색도 짙은 갈색에서 금발까지 다양하다.

3. 모발의 분류

1) 모류(毛流)에 따른 분류

피부 각각의 털이 동일한 방향으로 일정한 것을 모류(毛流, hair stream)라 한다. 그것은 피부의 할선방향과 대개 일치한다. 동물 털에서도 마찬가지여서 이 방향으로 문지르면 부드러운 느낌이 들지만, 반대 방향으로 문지르면 털이 일어선다. 또 머리에서는 헤어스타일을 만드는 데 이 모류 방향이 이용된다. 모발(毛髮)은 모양이 좋고 가지런할 때 튼튼하고, 빗질한다는 것은 모발(毛髮)을 이 방향으로 가지런히 하는 것이다. 두발의 일부에서는, 주로 두정부에서 모류가 소용돌이 모양을 하고 있다. 그것을 가마(毛渦)라고 한다.

모류에 따른 분류는 대체적으로 두 가지 형태로 나누어 볼 수 있다.

■ 훨(Whorl)

크라운 부분에서 원형의 모양을 형성하는 것이다.

■ 카우릭(Cowlick)

이마 앞부분에 눈에 띄게 뻗쳐 있는 형태로 두피의 다른 부분에도 나타날 수 있다.

2) 모발 주기에 따른 분류

모발 주기에 따라서 두 가지 형태로 분류할 수가 있다.

(1) 신크로나이즈 타입(Synchronistic type)

신크로나이즈 타입 모발은 모발 주기가 모두 같아서 모발이 동시에 빠지는 형태로 주로 동물의 털갈이에서 볼 수 있다.

(2) 모자이크 타입(Mosaic type)

모자이크 타입 모발은 각기 독립적인 모주기를 가지고 있어 빠지는 모발과 새로 자라나는 모발이 존재하는데, 이는 전체적인 모발의 수에 큰 변화가 없는 경우로 사람의 모발 주기가 여기에 속한다.

3) 피지 분비량에 따른 분류

피지 분비량에 따라 지성모발, 건성모발, 중성모발 등으로 분류할 수 있다.

(1) 지성모발

모낭의 피지샘에서 정상보다 더 많은 양의 피지를 분비한다. 모발력은 강하나 때와 같은 오염물질이 잘 붙고 칙칙하게 보일 수 있다.

(2) 건성모발

피지 분비량이 적어 푸석푸석하고 윤기가 없어 보인다. 선천적인 원인과 후천적인 원인으로 나눌 수 있다. 전자는 모발 발생 과정에서 모발의 천연보습인자인 아미노산의 혼합물이 부족하여 생장한 상태에서 모발에 수분을 저장시키는 힘이 없거나 모발 표면에 수분이 증발하는 것을 막는 피지막이 형성되지 않은 경우이다. 후자는 작업 환경이 건조하거나 먼지가 많을 경우나 여러 가지 원인에 의해 모발이 손상된 경우이다.

(3) 중성모발

피지 분비량이 적당하여 모발에 윤기가 흐른다. 모발의 상태 유지가 중요하다.

4) 모발의 종류

모발은 손바닥, 발바닥, 손가락 및 발가락의 말단부 피부와 점막의 경계부를 제외하고는 피부 어디에나 존재하지만 몸의 여러 부위에서 모발은 생물학적, 형태학적으로 서로 다른 특징을 나타낸다. 태아에서 시작하여 노인에 이를 때까지 만들어 내고 있는 모발은 성격이 항상 변하고 있으며, 정상 생리조건 상태에서 하나의 동일한 모낭이 계속적으로 다른 종류의 모발을 만들고 있다.

(1) 취모(Lanugo)

취모는 태생기 때 즉, 어머니 배 안에서 태아가 발생하여 약 20주간이 되어 처음으로 나타나는 가늘고 연한 색깔의 모발로 출생 무렵에 탈락되고 연모로 대체된다.

(2) 연모(Vellus hair)

연모는 몸 대부분을 덮고 있는, 짧고 가늘며 색소가 거의 없어 눈에 잘 띄지 않는 섬세한 털을 말한다. 인체부위에 따라 풍부한 색소를 갖게 되며 굵고 튼튼한 종모로 대치된다. 우리말 사전에서 찾아보면 잔털은 '짧고 보드라운 털, 그리고 솜털은 좀 더 짧고 보드라운 털' 이라고 되어있다. 말하자면 잔털보다 더 짧고 가늘고 보드라운 것이 솜털이다. 구조상 모수질이 없다. 연모는 주로 이마와 얼굴, 탈모가 진행되는 부위 등에 있으며 유심히 보면 경모사이에도 섞여있다.

(3) 중간모(Indeterminate hair)

중간모는 연모와 종모사이에서 구분이 애매한 모발을 말한다. 구별은 길이보다 직경에 의하게 되는데 대부분의 연모는 직경이 0.05~0.07mm이며, 대부분의 종모는 0.08~0.1mm이다.

(4) 종모(성모, Terminal hair)

종모는 성인의 머리카락, 눈썹, 속눈썹, 수염, 겨드랑이 및 음부 등의 모든 털을 말한다. 연모가 종모로 대치되는 정도는 유전적 소인 및 내분비기관의 영향을 받는다. 예를 들어 두피의 모발은 남자, 여자, 한국인, 서양인 모두에서 종모로 변하게 되는데, 가슴털은 일부의 한국인 또는 더 많은 서양 성인남자에서만 종모로 변하게 되고 대부분의 여자에서는 연모로써 남는다. 겨드랑이 및 외음부도 모든 인종의 성인 남녀에서 종모를 보이며 남성형 대머리는 반대로 종모에서 솜털로 바뀌는 것인데 그 정도는 역시 각 개인의 내분비 기능과 유전적 소인에 따라 상당한 차이를 보인다.

5) 인종에 따른 모발의 분류

모발의 특징은 개인의 유전적 요인, 기후, 모발에 따른 환경에 따라 다양하게 나타나기도 하지만 인종에 따라서도 크게 차이가 나는 것을 볼 수가 있다. 여러 나라 사람의 모발을 비교할 때는 대개 황인종(mongoloid), 백인종(caucasoid), 흑인종(negroid)의 3가지로 분류하는 것이 일반적이며 이들의 모발의 특징을 살펴보면 다음과 같다.

황색인종은 주로 황갈색 피부이며, 모발은 검고 직모(直毛)이다. 백인종은 색소가 적은 회색, 청색, 녹색의 홍채(江彩)의 피부색과 금발 · 갈색의 모발을 가지고 있다. 흑인인종은 피부색이 짙은 것은 색소량이 많기 때문이며, 멜라닌과 각질층으로 열대의 강한 자외선을 막는다. 모발은 곱슬머리나 고수머리가 많다.

Chapter 3 모발의 생리적 특성

1. 모발의 색
2. 모발의 성장
3. 모발의 일반적 특성
4. 모발 성장에 영향을 미치는 요인
5. 모발과 영양
6. 모발과 호르몬

1. 모발의 색(Hair color)

모발의 색은 피부색과 마찬가지로 멜라닌(melanin)의 합성 정도에 따라 결정된다. 선천성 색소 결핍증(albinos) 환자를 제외하고 정상적인 사람에게는 멜라닌을 만들어 내는 멜라닌 형성세포(melanocyte)가 있어 색소형성(pigmentation) 과정을 거쳐 인종별 · 개인별 다양한 모발색을 가지게 된다.

멜라닌은 흑갈색 알갱이의 색소로서 피부, 털, 눈 등에 존재한다. 모발에 있어서 멜라닌의 생성 및 분포는 피부 표피상(epidermal)의 방법과 동일하다. 피부색을 결정하는 멜라닌 형성세포는 표피층 가장 아래에 있는 기저층에 주로 분포되어 있고 모발색은 모모세포층에 주로 분포하고 있다.

멜라닌은 모발의 착색을 막고 두피를 과도한 자외선으로부터 보호하는 중요한 역할을 하고 있다. 이 외에도 호흡과정에서 몸속으로 들어간 산소가 산화과정에 이용되면서 여러 대사과정에서 생성되어 생체조직을 공격하고 세포를 손상시키는 산화력이 강한 활성산소(free-radical)를 없애주는 역할을 한다는 보고도 있다.

멜라닌은 분자량이 높은 중합체(polymer)로서 물에 용해되지 않는 매우 복잡한 화학반응의 결과물이다. 멜라닌 세포에서 멜라닌을 형성하는 효소는 티로시나제, TRP$_1$, TRP$_2$로 이들이 함께 작용하여 페오-멜라닌(pheo-melanin)과 유-멜라닌

멜라닌이 가늘고 긴 사람은 검은머리, 조금 적으면 갈색 그 수가 많이 적으면 금발이 된다. 또한 멜라닌의 모양이 원이거나 타원형인 경우에는 빨간색이 된다.

(eu-melanin)의 색소를 합성해낸다. 이 두 종류의 멜라닌은 노란 색에서 붉은 색의 페오-멜라닌과 적갈색에서 짙은 흑갈색의 유-멜라닌으로, 두 가지 색이 섞이는 비율에 따라 가장 밝은 색에서 가장 어두운 색으로 피부와 머리카락의 색을 결정한다. 모발의 색은 멜라닌 형성세포의 기능이 저하되면 멜라닌 생성이 억제되어 부분적으로 흰 머리가 생기게 되며 만약 색소 세포가 완전히 파괴되면 백발이 된다.

1) 멜라닌 색소(melanin pigment)

멜라닌에는 페오-멜라닌(pheo-melanin)과 유-멜라닌(eu-melanin)으로 2가지 종류가 있으며, 이들의 변형된 형태의 멜라닌이 있다.

유멜라닌 페오멜라닌

■ 멜라닌의 비교

멜라닌 종류	페오 멜라닌(pheomelanin)	유 멜라닌(eumelanin)
색 상	적색에서 옅은 노란색 색소	검은색에서 적갈색까지의 색소
크 기	멜라노좀 크기가 크다.	멜라노좀 크기가 작다.
인 종	백인의 피부, 모발색	흑인의 피부, 모발색
합 성	자외선이 필수	태양없이 지속적인 합성
크 기	작다(1/2㎛)	크다(0.5~2㎛)
모 양	둥글거나 타원형	쌀모양의 과립형

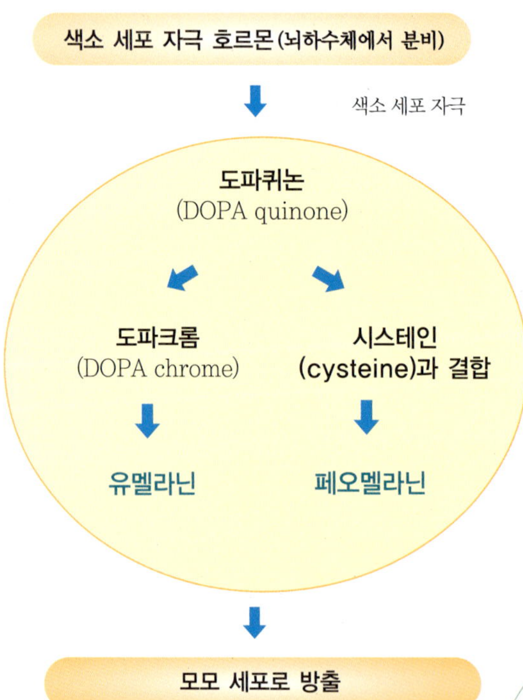

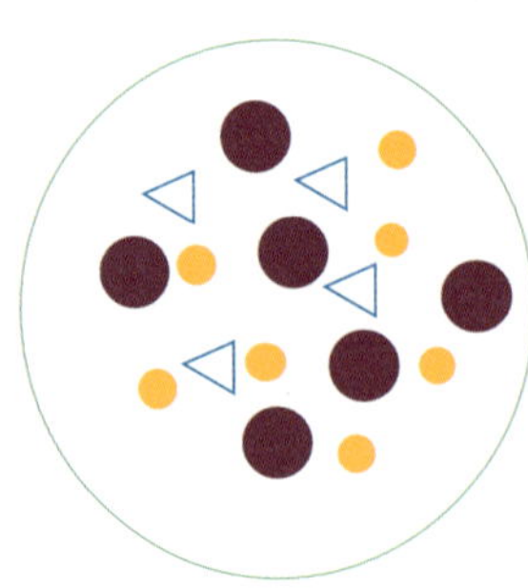

◁ 유리 산소 ● 유 멜라닌 ● 페오 멜라닌

(1) 유-멜라닌(Eu-melanin)

유-멜라닌은 주로 갈색이나 검은색을 나타내는 색소로 흑인이나 동양인들의 피부색과 모발색을 결정한다. 전자현미경(SEM)을 통해서 구조를 관찰하면 길이가 0.8~1.2㎛이고 두께는 0.3~0.4㎛ 정도의 쌀알 형태로 되어 있고 분자량이 높은 중합체로서 물에 용해되지 않으며 복잡한 화학 반응을 거쳐 생성된다.

(2) 페오-멜라닌(Pheo-melanin)

페오-멜라닌은 노란색이나 빨간색을 나타내는 색소로 주로 서양인들의 피부색과 모발색을 결정하며 유-멜라닌에 비해 색과 미립자가 더 작고 타원형으로 표면이 움푹 들어가 있다.

(3) 트리코크롬(Trichochrome)

멜라닌에는 2가지 종류가 있으며 이들의 변형이 2가지 알려져 있다. 유멜라닌의 변형인 옥시멜라닌(oxymelanin)은 색이 없는 분자형태로서 산화되며, 페오멜라닌의 변형인 트리코크롬(trichochrome)은 주황색이나 보라색의 멜라닌 색소로서 머리카락은 붉은색이나 적갈색으로 나타난다.

2) 멜라닌(Eu, Pheo)의 생성과 합성

뇌하수체에서 색소세포 자극 호르몬(MSH, melanocyte stimulating hormone)이 분비되면 멜라노사이트(melanocyte)에 있는 아미노산의 일종인 티로이신(tyrosine)은 티로시나제(tyrosinase)라는 효소에 의해 산화되어 도파(DOPA, dihydroxy-phenylalanine)로 변하고 DOPA는 더욱 산화하여 도파퀴논(DOPA quinone)으로 바뀐다. 이때 유 멜라닌과 페오멜라닌은 티로이신에서 도파퀴논까지의 반응경로는 같다.

도파 퀴논(DOPA-quinone)이 되고 유멜라닌이 만들어지고, 도파퀴논에서 어떤 원인에 의해서 유 멜라닌이 아닌 페오멜라닌 합성이 결정되면 시스테인 도파(cysteinyl DOPAS)가 활성화되어 결국 페오멜라닌이 만들어진다.

사람마다 둘 중에 어느 것이 더 많이 만들어지느냐가 다른 정확한 이유는 아직 밝혀지지 않았다. 이렇게 만들어진 멜라닌 과립은 멜라노사이트(melanocyte)의 돌기부위를 통해 겉질층에 있는 모모세포 층으로 방출이 되어 모발이 각화되기 전에 세포 내로 들어가 성장해 간다. 그리고 모발의 대부분을 차지하는 겉질에 많이 들어가 이것이 모발색을 구성한다.

멜라닌 양이 많은 모발 순서로는 흑색(black) 〉 갈색(brown) 〉 적색(red) 〉 금발색(blonde) 〉 백발(gray hair)이다. 과립의 크기도 큰 쪽이 흑색이며, 적으면 적색과 갈색으로 된다.

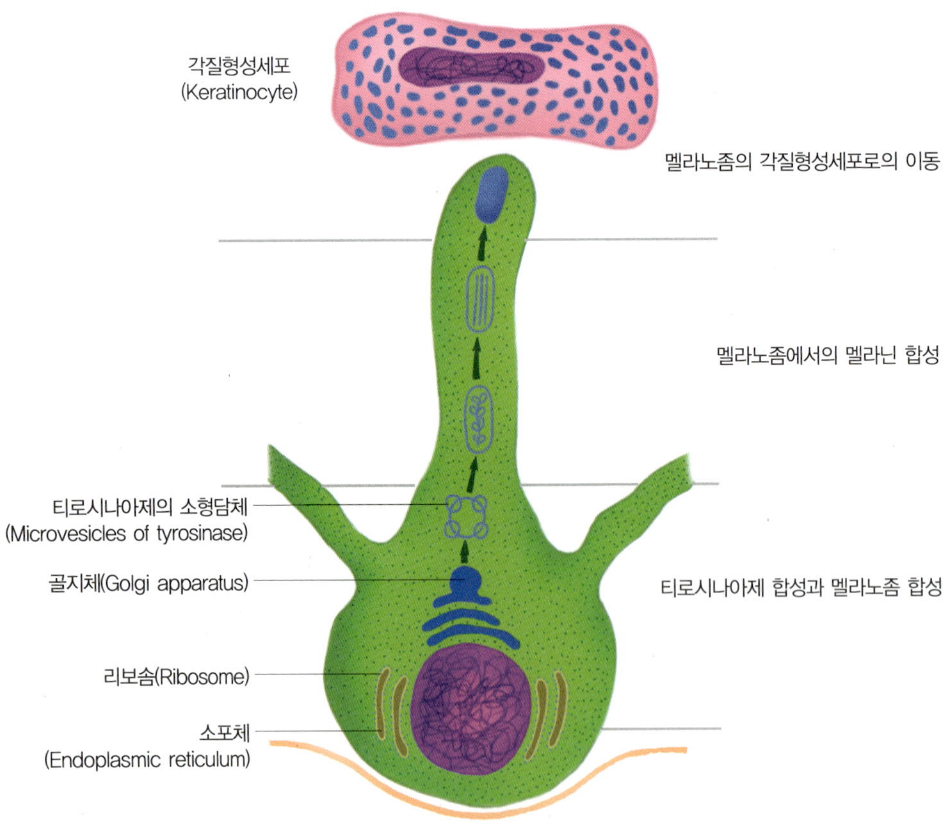

[멜라닌의 각 단계별 합성]

이런 일련의 과정 중 어떤 원인에 의해 멜라닌 형성세포의 기능이 저하되면 멜라닌의 생성이 억제되어 부분적으로 흰머리가 생기게 되며 만약 색소 세포가 완전히 파괴되면 백발이 된다. 모발의 색은 여러 가지 대사 질환으로 변할 수 있는데, 페닐케톤요증(phenylketonukis), 호모시스틴뇨증(homocystinuria), 콰시오커(kwashiorkor), 클로로퀸(chloroquine)증 등이 있다.

페닐케톤요증	PKU는 아미노산인 페닐알라닌을 다른 아미노산인 티로이신(tyrosine)으로 바꾸는 효소가 부족하거나 없어서 생기는 병이다.
호모시스틴뇨증	시스타치오닌 합성효소의 유전적 결핍으로 메티오닌과 호모시스틴이라는 아미노산이 체내에축적되면서 신진대사에 장애를 가져오는 병이다.
콰시오커	단백질 결핍성 소아 영양 실조증으로 증상은 대개 1~4세까지의 어린이들에게, 이유 뒤의 영양이 부족하거나 또는 급속한 성장에 필요한 영양의 섭취가 부족으로 모발이 노랗게 되며 영양보충이 되면 다시 회복된다.
클로로퀸	멜라닌 세포의 수가 감소되고 tyrosinase의 활성이 저하되어 점차적으로 멜라닌 형성이적어져서 나타난다.

2. 모발(毛髮)의 성장

속눈썹을 제외하고 모발(毛髮)은 피부표면에 비스듬하게 나있으며, 그 기울기 각도는 일정하지 않지만 대략 24°~50° 이다. 모발은 모구(毛球)의 모유두에 접한 부분에서 새로 생겨난다. 표피가 유두체에 접한 기저세포에서 새로 생기는 것과 같은 것이다. 그 부분은 모모(毛母)라고도 불린다. 거기에 필요한 영양은 모유두 혈관으로부터 공급받는 것이다. 오래된 것이 차례로 위를 향해 밀어 올려지고 새롭게 생긴 세포에 의해 새로운 모발이 자라나게 된다. 이것을 모발의 성장이라 불리는 것이다. 잘린 모발끝으로부터 새롭게 세포가 만들어지고 자라가는 것은 아니다.

모발은 재생하는 것은 아니고 아래로부터 밀려 올라가는 것처럼 자라는 것이다. 모발은 살아있는 것이 아니다. 그래서 재생하지 않는 것도 당연한 것이다.

모발은 이렇게 자라는데, 모발은 하루에 0.2~0.5㎜, 수염은 0.4㎜이다. 하루 중 낮이 밤보다, 또 1년 중에는 봄, 여름이 가을, 겨울보다 성장이 빠르다. 특히 5, 6월이 1년 중 가장 성장하는 시기이다. 연령을 보면 16~24세의 여성이 가장 빠르고 65세 이상이 되면 제일 완만해진다.

발생부위	모주기	1일 성장(㎜)	1개월 성장(㎜)
모발(hair)	남성 3~5년 여성 4~6년	0.2~0.5	10~10.5
수염(beard)	2~3년	0.38	11.4
액와모(underarm)	1~2년	0.23	6.9
음모(pubic)	1~2년	0.20	6.0
미모(eye brows)	4~5년	0.18	5.4
속눈썹(eyelash)	3~4년	0.18	5.4
솜털	2~4년		

1) 모발의 성장주기(Hair cycle)

각각의 모발은 독립된 수명을 지니며 성장, 탈락, 신생의 주기를 반복하는데 이를 모주기(hair cycle)이라 한다. 모발은 모구의 모유두에 있는 모세혈관에서 영양공급을 받아 생성되므로 모유두가 없으면 모발이 성장하지 않는다. 모유두의 수는 태어날 때부터 정해졌기 때문에 새로 생산되지 않고 이 모유두의 수에 따라 모발의 수가 결정된다. 모유두는 계속적으로 모발을 만들고 성장시키지 않는다. 어느 정도 활동을 계속하고는 일시적으로 활동을 멈추고 다시 시작한다.

즉, 모유두의 활동이 왕성하여 모발을 성장시키는 성장기(anagen), 모근부가 수축되어 모유두와 분리되면서 성장이 점차 늦어지는 퇴화기(catagen), 모유두가 활동을 완전히 멈추는 시기인 휴지기(telogen), 모유두가 다시 활동을 시작하여 세포분열을 시작하는 발생기(new anagen)의 4주기를 계속 거친다. 이를 헤어 싸이클이라고 하며 주기적인 싸이클을 거치면서 모발은 성장과 자연탈모를 거듭한다.

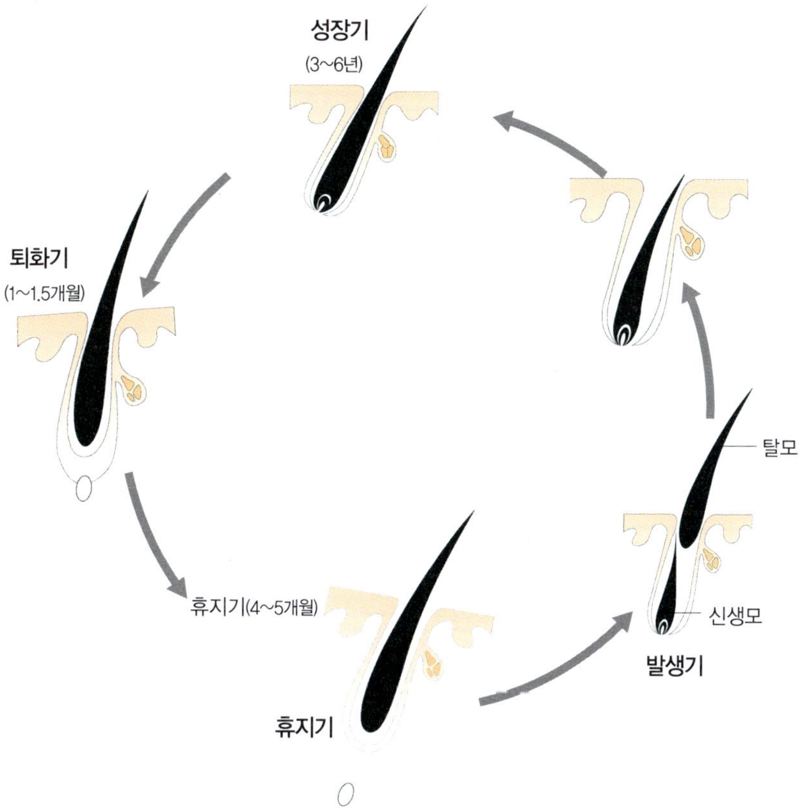

[모발의 성장주기]

(1) 성장기(Anagen stage)

성장기는 전체가 성장하는 기간으로 모발이 모구로부터 모낭으로 나가려는 생성 단계와 케라틴이 만들어지는 단계이다. 모유두의 활동이 활발하여 세포분열이 가장 왕성한 시기로 모발이 빠른 속도로 자라는 시기다. 성장기의 기간은 대체로 남자는 3~5년, 여자는 4~6년으로 전체 모발의 80~90%가 이 시기에 속한다. 성장기에 있는 모발은 하루에 0.2~0.5㎜정도 자라며, 1년에 약 12~15㎝ 자란다. 그러나 건강 상태, 질병의 유무, 음식, 호르몬, 연령, 유전 등에 따라 변화될 수 있다.

> 예를 들어 사람의 모발수명이 5년이라고 가정했을 때 최대로 자랄 수 있는 모발의 길이는 0.35~0.5mm(1일)×365일×5년 = **63.8~75cm이다.**

(2) 퇴화기(Catagen stage)

퇴화기는 약 5년간의 성장기가 끝나고 모발의 형태를 유지하면서 대사 과정이 느려지는 시기로서 더 이상 모발을 만들어내지 않는다. 이 시기에 모구부가 수축하여 모유두와 분리되고 모낭이 위축되어 모근이 위쪽으로 밀리면서 세포분열이 정지된다. 퇴화기의 수명은 1~2개월 정도이며 전체 모발이 1%가 이 시기에 속한다.

(3) 휴지기(Telogen stage)

휴지기는 성장의 마지막 단계로 더 이상의 성장은 없고 모낭과 모유두가 완전히 분리되어 모낭이 위축되어 모근이 위쪽으로 밀려 올라가 결국 모발이 빠지는 시기이다. 휴지기의 기간은 약 3~5개월로 전체 모발의 10%정도 해당되며, 산모의 경우 급격한 호르몬의 영향으로 전체 모발의 30~40%가 이 시기에 해당되지만 시간이 지나면 다시 회복된다. 이 시기에 들어섰다고 해서 바로 머리카락이 빠지는 것이 아니라 약 3~4개월은 두피에 머물러 있다가 강한 브러싱이나 마찰에 의해 차츰 빠지게 된다.

■ 모발의 자연탈모

자연탈모는 모발의 성장주기 가운데서 휴지기에 해당되는 모발이 자연스럽게 빠지는 현상을 말한다. 자연탈모는 가을에 가장 많이 나타나고, 나이가 들면 성장기가 짧아지므로 모발 주기가 단축되고 일일 탈모수도 증가한다.

	일반 탈모	병적 탈모
모발의 수	100개 미만	100 ~ 200개 이상
모근의 모양	곤봉처럼 둥금	근이 위축되어 변형된 형태

(4) 발생기(New anagen stage)

발생기는 휴지기 기간 동안 쉬었던 모유두가 모구부와의 결합으로 다시 세포 분열이 일어나는 시기이다. 새로운 모발이 자라면서 휴지기의 노화된 모발을 밀어내 빠지게 한다. 이상과 같이 모발은 한 가닥 한 가닥이 성장기, 퇴화기, 휴지기, 발생기의 4주기를 약 10~15회를 거듭함으로써 모유두의 일생을 마친다. 모발은 한 가닥 한 가닥이 독립되어 각각의 주기에 따른 헤어 싸이클을 거치면서 성장과 탈모를 반복하게 된다. 따라서 정상적인 사람의 경우 발생과 탈모가 계속 일어나면서 그대로 자신의 머리를 유지하게 되는 것이다.

3. 모발의 일반적 특성

모발의 특성에는 화학적 제품이나 물리적 특성에 따라 성별, 인종, 밀도, 질감, 강도, 다공성 등이 유전적 요인이나 환경적 요인에 따라 다르다.

(1) 모발의 굵기와 길이

모발의 굵기는 0.05~0.15㎜로 연모는 0.06㎜정도이며, 보통모는 0.075~0.085㎜, 경모는 0.10㎜, 동양인의 경우는 대략 0.08㎜정도이다. 모발의 최대 길이는 인종에 따라 차이가 있는데 몽고인은 90~100㎝, 한국인은 65~175㎝, 백인은 60㎝, 흑인종인 경우 25~30㎝로 짧은 편이다. 또한 몽골 인종은 여자의 경우 자신의 키보다 훨씬 더 긴 경우도 있다.

(2) 모발의 수

모발의 수는 인종, 모질, 색에 따라 차이가 있지만 평균적인 모발 수는 다음과 같다. 금발인 경우는 14만 개 이상, 황갈색은 11만 개, 흑갈색은 10만 개, 적갈색은 9만 개로 다소 적으며, 한국인의 경우 대략 10만 개이다. 또한 일반적으로 1㎠당 약 150개 정도이며 모발의 밀도는 평균적으로 여성이 남성보다 높게 나타난다.

(3) 모발의 성장속도

모발의 성장속도는 성장기에서 보았듯이 모발은 하루에 0.2~0.5㎜정도 자라며, 한 달에 약 1㎝~1.5㎝, 1년에 12~15㎝정도 자라게 된다. 이러한 성장속도는 건강상태, 질병, 연령, 유전 등과 관계가 있으며 개인차가 심하다. 대개 낮보다는 밤에 봄과 여름에 잘 자라며, 남성보다는 20대 전후의 여성이 성장속도가 빠르다. 인간의 모발은 독립된 모주기를 가지고 있으며, 남자는 3~5년, 여자는 4~6년이다. 개인에 따라 정해진 모주기는 10~15회 정도이며, 모주기가 짧을수록 탈모는 빨라지게 된다. 1일 탈모수는 50~100개로 빠지는 수만큼 새로운 모발이 자라게 된다.

(4) 모발의 밀도

모발은 성별이나 연령 등 유전적인 원인에 의해서 굵기나 밀도 등이 다르게 나타난다. 일반적으로 청소년기에는 모발의 밀도가 조밀하여 건강하나 노화기에 접어들수록 숱이 적어지며 세포의 교체 시기도 느려진다. 유전적이나 환경적 요인에 따라 모발의 굵기가 다르다. 그리고 대체적으로 백인의 모발이 부드럽고 가늘며 주로 연모에 해당된다. 흑인의 모발은 파상으로서 주로 컬이 형성되어 푸석거린다. 여기에 비하면 동양인의 모발은 직모로서 굵고 숱도 많아 건강모에 해당한다. 이는 의식주나 환경적인 요인과 모발의 내부적 인자에 의한 손상도나 저항력 등이 다르게 나타나기 때문이다.

(5) 모발의 강도

모발에 힘을 어느 정도 가했을 때 탄력성이나 단모, 절모 등이 나타난다. 건강하고 손상되지 않은 모발일수록 외부 자극에 대한 저항력이 강하나 결절열모나 중손상모, 손상모 등은 강도가 떨어진다. 손상모는 작은 외부의 힘에 의해서도 쉽게 모발이 갈라지거나 끊어져서 거칠게 보이는데 모발의 강도는 손상모나 건강모 등 개인차에 따라 다르게 나타난다.

(6) 모발의 다공성

모발 내부에 단백질이나 간충물질 등이 소실되어 모발 조직 중의 모피질층이 손상된 경우이다. 수분의 흡수나 건조가 빠르며 윤기나 광택이 적다. 모표피의 손상도에 따라 큐티클층이 벗겨지거나 열려 있어 외부의 환경 변화에 쉽게 노출된다.

영양분이 유실되거나 화학약품의 처리 미숙, 펌이나 염 · 탈색 등에 유의해야 하며 다공성 모발에는 간충물질을 보충하여 윤기와 광택을 유지해야 한다.

(7) 모발의 수명

모발의 수명은 일정치 않으나 대략 2~6년 쯤이라고 한다. 이것은 어디까지나 통계적인 것이고 한 가닥 한 가닥의 수명을 측정해 보면 다르다는 것을 알 수 있다. 한 가닥 한 가닥의 모발은 매우 자연스럽게 어느 사이엔가 빠져 없어지고 새로운 머리카락이 생겨난다. 모발 전체가 일시에 수명을 다하면 그 시점에서 대머리가 되고 말지만 그 조직은 매우 잘 되어 있어 대머리가 될 염려는 거의 없다. 한 개의 모포에서 생겨나는 털의 수명을 다하여 자연히 탈모하게 되면 곧바로 새로운 털이 생겨나는 것이 아니고 탈모 후 한참동안 발모를 위한 준비기간이 필요하다. 즉 활동정지기간이 있고 그 기간은 모발의 길이에 비례한다. 수명이 다하게 되면 모모세포의 분열이 중지되고 이어서 모유두 사이에 기포가 생겨 모구와 모유두와의 고착력이 약해져 자연히 빠져 없어진다. 새것과 헌것으로 교체되는 모발은 일정한 시기가 되면 모낭공장에서 새로운 머리털을 생산하기 시작하며 헌 머리털은 밖으로 밀려 나오게 된다. 모발의 일생을 모주기라고 하며 한 가닥 한 가닥의 모주기는 각각 다르므로 머리털이 있는 사람은 언제나 알맞은 머리털을 갖게 된다. 모주기는 초기성장기, 성장기, 퇴행기, 휴지기, 탈모의 단계를 거치며 모발은 성장기에만 생성된다.

4. 모발 성장에 영향을 미치는 요인

현대 사회에서 나이와 성별에 상관없이 자연 교체에 의한 탈모의 허용범위를 넘어서 일시적으로 탈모가 많아지는 이상탈모나 연모화(軟毛化) 현상 등이 빈번히 나타나고 있다. 여기에는 병이나 유선석인 이유를 포함하여 다양한 원인이 있을 수 있지만 결국 모유두의 기능 정지(停止)와 쇠약(衰弱)탓이라고 볼 수 있다. 그렇다면 모발의 성장주기에 영향을 미치는 요인들은 무엇이지 자세히 살펴보도록 하겠다.

(1) 식생활의 변화

경제가 발전하고 서구 문화가 유입됨에 따라 우리나라 식생활에도 커다란 변화가 일어났다. 즉, 서구화된 식생활로 육류의 소비가 늘어나면서 고단백, 고칼로리의 동물성 지방이나 단백질의 지나친 섭취로 인해 성인병이 증가하고 이로 인해 혈액순환이 나빠져서 영양분의 공급이 모유두까지 전달되지 못하기 때문에 모발이 가늘어지고 탈모가 일어나기도 한다. 또한 인스턴트 식품의 증가이다. 바쁜 현대인들이 편리하게 식사하기 위하여 섭취하는 인스턴트 식품에 첨가된 인체에 유해한 성분이 체내에 흡수, 축적되어 내장의 세포변형에 악영향을 끼치며 모발까지 영향을 미친다. 급격히 발달한 인스턴트 식품의 범람으로 돌연변이 기형세포라고 하는 변형된 세포를 가진 젊은 사람들이 증가하였으며 그들의 공통된 증상으로 축모 현상이 일어난 것을 볼 수 있다.

(2) 다이어트

현대의 대부분의 여성들은 다이어트에 깊은 관심을 보인다. 하지만 저칼로리 식품으로 다이어트를 할 경우 모발과 피부의 원료가 되는 단백질이 부족하게 되므로 모발의 윤기를 잃거나 심한 경우에는 질병, 약의 복용 등으로 인한 소화 흡수 장애로 영양부족을 일으켜 모발 성장과 건강에 영향을 미치기도 한다. 한편 철과 칼슘, 아이오딘, 아연 등이 부족해도 모발성장에 영향을 받으므로 편식을 자제하고 고른 영양섭취가 필수적이다.

(3) 수면 부족

여성들에게 나타나는 빈모, 탈모의 원인으로 수면 부족을 들 수 있다. 사람의 몸 안에는 체내 시계가 있어 자정부터 새벽 4시까지는 하루 중 가장 편히 쉴 수 있는 상태가 된다. 이러한 체내 시계를 무시한 생활 방식을 계속함으로써 피의 흐름과 산소, 영양 공급이 몸 안의 장기에 충분히 전달되지 않아 체온 저하가 일어나고 동시에 두피 온도가 저하됨에 따라 탈모, 빈모가 일어난다.

(4) 모유두의 기능 정지 또는 퇴화

여러 가지 외부 요인으로 인해 모유두에 화상, 염증, 외상 등의 상처를 입었거나 퍼머넌트, 염색, 탈색, 스타일링 등의 미용시술 시 제품의 화학 성분에 의해 모유두가 손상을 입을 수 있으므로 주의하여야 한다. 머리를 묶거나 하는 강한 물리적인 자극에 의해 모유두와의 맞물림이 약해졌을 때 모발 성장이 어렵게 되기도 한다.

(5) 스트레스

사회생활과 대기오염 등으로 인한 스트레스로 자율신경계의 혼란이 생길 수 있다. 정신적 긴장, 잠재적인 불안감에 의해 무의식적으로 긴장해 있을 경우에 교감신경이 활발히 작용하게 된다. 교감신경은 혈관을 수축시키는 작용에 관여하므로 모발의 영양공급에 영향을 주게 되어 모발의 활동기를 단축시키므로 탈모까지 진전될 수도 있다. 스트레스로 인한 탈모증의 대표적인 예가 원형탈모(圓形脫毛)이다. 또한 호르몬의 대사에 이상이 생겼을 때 모발의 발생과 성장 및 탈모에 영향을 준다.

(6) 화학약제의 사용

현대의 많은 여성은 아름다움을 위하여 자신의 모발에 많은 변화를 추구한다. 따라서 염색이나 탈색, 퍼머넌트 등을 하므로 자신도 모르게 화학약제에 의한 모발 손상을 입고 있다. 이러한 영향으로 건성모발이 되기 쉬우며 지모가 증가한다.

5. 모발과 영양

모발의 성장과 영양은 밀접한 관계가 있다. 영양은 "사람이 음식물을 먹고 건강을 유지하는 상태"이고 사람이 섭취하는 다양한 음식물이 체내의 경로를 거치면서 생명과 건깅을 유지하고 성장을 촉진시키는 물실을 영양소라 한다.

영양소란? 사람이 필요로 하는 영양소는 약 50종이 있으며 이것들을 비슷한 특성을 가진 것끼리 크게 나누면 6가지 즉 물, 탄수화물, 단백질, 지질, 무기질, 비타민으로 나누어 질수 있다. 탄수화물, 단백질, 지질은 섭취량이 많다는 점에서 3대 영양소 또는 주영양소(macronutrients)라고도 한다. 그리고 비타민, 무기염류는 에너지원으로 사용되지는 않지만 적은 양으로 물질대사나 생리작용을 조절하므로 이를 부영양소(micronutrients, 미량원소)라고 한다.

적절한 영양소가 공급되지 못하면 건강뿐만 아니라 모발 건강에도 해를 끼치게 될 우려가 있다. 모발 성장과 유지를 위해서는 단백질뿐만 아니라 비타민과 미네랄(특히 철, 아연)등도 필요하다.

따라서 영양소가 우리 몸에서 하는 일과 각 5대 영양소(탄수화물, 단백질, 지방, 무기질, 비타민)에 대한 역할과 작용에 대해서 알아보자.

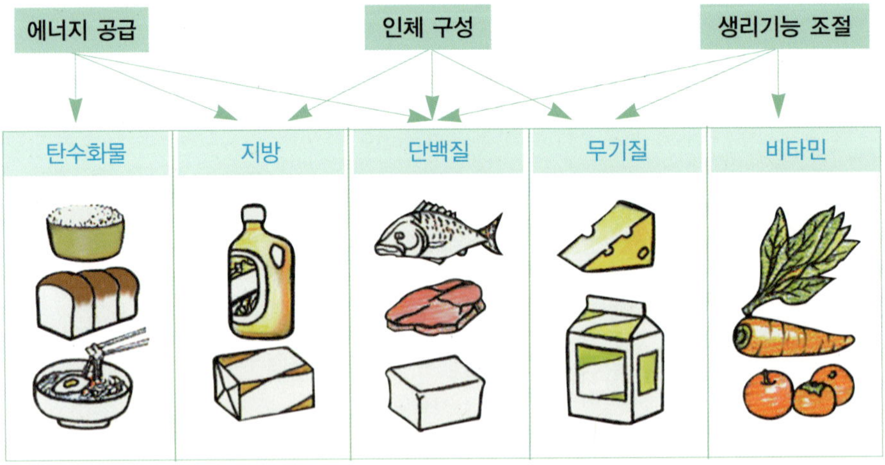

[영양소의 종류와 역할]

인체조직 구성: 지방, 단백질, 무기질

에너지 공급: 탄수화물, 단백질, 지방

생리기능 조절: 단백질, 무기질, 비타민

	역할 과 기능	식품종류
단백질	근육, 피부 등 몸의 조직을 구성하는 역할을 한다. 단백질을 합성한다. 결핍시: 체중감소,저항력감소,빈혈 과잉시: 비만, 고혈압, 피로	쇠고기, 돼지고기, 닭고기, 콩, 두부, 계란, 참치, 꽁치 등
탄수화물	활동을 하는데 필요한 에너지를 공급한다. 체온을 유지하는 데 필요한 열을 낸다. 과잉시: 비만과 당뇨의 원인이 된다.	쌀, 잡곡, 빵, 감자, 설탕 등
지방(지질)	가장 많은 에너지를 공급한다. 호로몬의 생성을 위한 필수적이다. 체온을 유지시키고 에너지를 공급한다. 결핍시: 체중감소, 성장저하, 피부염발생 과잉시: 비만, 동맥경화	참기름, 잣, 콩기름, 아이스크림, 버터 등
무기질	몸의 조직을 구성한다. 생리 작용을 소절하는 기능을 한다. 다른 영양소의 흡수를 돕는다.	우유, 깻잎, 배추, 김, 다시마 등
비타민	대사기능, 대사과정에 중요역할을 한다. 몸의 기능을 조절한다. 생리 작용을 조절하는 기능을 한다. 몸의 기능을 조절하며 다른 영양소의 흡수를 돕는다.	채소류와 과일류에 많이 들어 있다.
물	물은 인체의 약50~60%를 차지한다. 수분및 염기의 균형조절, 체온조절에 역할을 한다.	

영양소는 생명체의 유지, 성장과 에너지를 제공하고 신체 내에서 생리적인 기능을 조절하는 역할을 한다.

영양소는 우리 몸안에서 세가지 큰 역할을 한다.

1. **몸을 구성하는 물질을 공급한다.** 신체의 구조를 만들어 주는 영양소가 물, 단백질 그리고 무기질이다.
2. **몸에 에너지를 공급해준다.** 탄수화물과 단백질, 그리고 지방 영양소 공급한다.
3. **신체내에서 생리적 기능을 조절하는 역할을 한다.** 단백질, 무기질 , 비타민이다.

1) 단백질(Protein)과 영양

단백질(protein)은 모든 생명체의 기본성분으로 '생명유지에 으뜸가는 것(proteios)' 이라는 어원을 가지며 20종의 아미노산이 연결된 고분자 화합물이다. 단백질은 체조직을 구성하고 인체의 성장을 주도하며, 근육과 머리카락, 혈액, 손톱, 결합조직 등의 구성성분이 된다. 또한 인체의 에너지원으로서1g당 4kcal의 열량을 낸다. 육류, 콩, 생선 등에 많이 들어 있는 영양소이다.

모발의 주성분은 케라틴(keratin) 단백질이다. 케라틴 단백질은 약18가지의 아미노산으로 결합되어있으며, 특히, 퍼머넌트웨이브 형성에 큰 역할을 하는 시스테인(cystein)이라고 하는 아미노산을 많이 포함하고 있는 것이 특징이다. 케라틴 단백질로 되어 있는 모발에 성장에는 단백질이 무엇보다도 중요하다.

▶ 필수아미노산이란?

인체에서 전혀 합성되지 못하거나 충분히 합성되지 않는 아미노산으로서, 체단백질 합성에 필수적이어서 반드시 식품으로 섭취해야 하는 아미노산이다. 반면 불필수 아미노산은 체내에서 합성될 수 있는 아미노산이다.

단백질의 체내 · 외 교체작용을 살펴보면 다음과 같다.

백질은 신체 조직의 구성 요소로 조직 단백질의 합성을 위해 아미노산을 공급하고 생물체의 정상적인 성장, 유지 및 기능에 필수적인 질소화합물을 공급해준다.

단백질 섭취가 적정량을 다소 초과되면 여분의 단백질은 에너지원으로 전환되거나 남으면 당질 혹은 지질로 변환되어 체내에 저장된다. 하지만 단백질 섭취가 필요량보다 많을 경우에는 알칼리성 장액(腸液)의 분비가 증가되어 분변이 알칼리성이 되어 변비를 일으키기도 한다.

반면 단백질 섭취가 적을 경우에는 신체를 구성하는 요소가 부족하므로 단백질이 많이 요구되는 임신기, 수유기 및 성장기 어린이에게 단백질의 섭취가 부족할 경우 성장이 느려지며 심하면 성장이 멈출 수도 있다.

(1) 단백질의 기능

백질은 우리 몸에 꼭 필요한 영양소 중 하나이다. 단백질의 다양한 기능들이 있지만, 특히 단백질은 인체의 거의 모든 기능에 참여한다. 단백질을 구성하는 기본 단위인 20여 종의 아미노산을 사용하여, 단백질은 우리 몸의 대부분 체조직 구조의 기본으로 사용되고 대사를 조절하는 데 필수적이며 또한 에너지원으로도 사용된다. 단백질의 체내 구성성분으로 중요한 영양소이다. 단백질은 식이단백질로부터 소화 · 흡수된 아미노산은 에너지가 충분히 공급된 상태에서, 운반단백질, 면역체, 조절인자, 효소 · 체구성 성분등으로 합성되어 기능을 수행한다. 또한, 에너지가 공급되지 않은 상태에서는 에너지원으로 기능을 가진다.

① 체구성 요소

단백질은 신체의 구성 기능과 에너지를 내는 기능을 가지며, 체내에 주요 조직을 만들거나 운반한다. 특히 모발이나 손톱, 발톱의 성장, 피부, 뼈와 결합 조직, 그리고 혈액의 유지를 위해서도 반드시 필요하다. 또한 단백질은 일정한 주기로 여러 조직에서 새로운 단백질로 교체된다.

② 호르몬 · 효소 및 항체의 형성

인체는 단백질로 된 조절물질로서 호르몬, 효소, 항체가 있다. 호르몬은 여러 가지 기본적인 인체대사과정을 조절해주며, 소화와 대사에 필요한 효소들도 단백질로 만들어진다. 항체는 병원균이나 세균성 이물질 등 여러 가지의 항원(antigens)이 체내에 들어왔을 때 이들로부터 신체를 방어해주며, 단백질이 부족하면 항체형성의 저하로 저항력이 떨어져 감염성 질환에 잘 걸리게 된다.

효소: 몸 안의 화학반응이 빨리 일어나게 촉매하는 물질이다.

호르몬: 몸안의 반응 조절하기 위한 메시지를 전달하는 물질이다.

항체: 면역체계에서 외부의 침입물질에 대항해 활동하는 방어 물질이다.

③ 체액의 균형

혈액 단백질은 분자량이 커서 혈관을 빠져나가지 못하여 혈관 내 삼투압이 조직보다 높게 유지되므 대부분의 수분이 혈관에 머무르게 된다. 단백질은 물을 확보하고 보유하도록 하여 신체 내의 액체의 균형을 유지시킨다.
혈액 속 단백질은 알부민(albumin)과 글로불린(globulin)이다.

④ 산 · 염기의 균형

단백질은 분자 내에 양이온과 음이온을 가지고 있는 양성물질이므로, 체액이 산성이 되면 알칼리성으로, 알칼리성이 되면 산성으로 작용하는 완충작용을 하여 체액의 pH가 항상 정상 값으로 유지되도록 해준다.
산과 염기 사이의 pH 는 0~14까지이며, 0은 가장 산성이고 7은 중성이고 14는 가장 알칼리성이다.

일반적인 물질의 pH 값의 예는 아래와 같다.

pH2 위산
pH4 토마토 주스
pH5 블랙커피
pH7.4 사람의 혈액
pH10 마그네시아유(milk of magnesia)
pH12 비눗물

⑤ 영양소의 운반

다른 영양소들과 결합하여 영양소들이 세포내 필요로 하는 곳까지 운반되도록 도와주며, 운반을 도와주는 단백질의 기능이 없다면 몇몇 영양소는 세포로까지 운반되지 못하게 된다.

⑥ 열량 공급

체내에서 연소되는 단백질은 먼저 탄수화물이나 지방을 연소하고 필요한 열량이 부족 시 단백질을 열량원으로 쓰게 된다. 체내에서 연소되지 않는 질소부분이 떨어져 나가 콩팥을 통해 체외로 배출된다. 단백질 1g은 4kcal의 에너지를 낸다.

(2) 단백질 결핍과 과잉섭취

콰시오카(kwashiorkor)은 저개발국의 1~4세 성장기 어린이에게 흔히 나타나는 극심한 단백질 결핍증 성장부진, 감염에 대한 저항력이 떨어져 설사, 구토, 탈수 등의 증상이 나타난다. 마라스무스은 단백질과 에너지가 모두 부족한 극심한 기아상태로 전신쇠약, 소모증으로 피하지방이 감소하여 심하게 마른다.

▶ 과잉섭취

필요량 이상의 여분의 질소를 요소의 형태로 배설하기 위해 간과 콩팥에 부담을 준다. 동물성 단백질이 많은 식사는 요를 통한 칼슘배설량이 증가한다는 연구보고가 있다. 단백질 식품은 지방을 많이 함유하는 경우가 있으므로 과잉섭취시 비만과 관련이 있을 수 있다. 핵산 함유량이 높아 통풍 유발이 우려된다.

(3) 단백질의 섭취기준

권장섭취량: 19~29세 남자 55g/일, 여자 50g/일

1일 에너지 섭취량: 에너지 적정 비율은 1일 에너지 섭취량의 7~20%

총 단백질 섭취량의 1/3 이상을 동물성 단백질로 섭취할 것을 권장하며 매일 끼니마다 계란, 우유, 생선, 육류, 두부, 콩, 된장, 치즈 등을 적당량 씩 챙겨 먹도록 한다.

(2) 단백질의 분류

단백질은 완전 단백질, 부분적 완전 단백질, 불완전 단백질로 분류된다.

① 완전 단백질(Complete protein)

완전 단백질은 생명체의 성장과 유지에 필요한 필수 아미노산을 모두 그리고 충분히 가지고 있는 단백질로서 젤라틴(gelatin)을 제외한 대부분의 동물성 단백질인 육류, 달걀, 우유 및 생선 등이 이에 속한다.

② 부분적 완전 단백질(Partially complete protein)

부분적 완전 단백질은 필수 아미노산을 모두 가지고는 있으나, 그 양이 충분치가 않거나 각 필수 아미노산들이 균형있게 들어있지 않은 단백질을 말한다. 이런 단백질은 생명 유지는 되나 성장은 되지 않으며, 견과류, 대두 단백질 등이있다.

③ 불완전 단백질(Incomplete protein)

불완전 단백질은 생명유지나 성장에 충분한 양의 필수 아미노산을 갖지 못한 단백질로, 두류 단백질 등이 여기에 속한다. 불완전 단백질을 섭취해서는 동물의 성장과 유지가 어렵다.

대두 단백질

콩에서 단백질 부분만 분리하여 제품화한 것으로서 탄수화물 및 지방이 대부분 제거되어 영양학적으로 완벽한 식물성 단백질원이며, 식품 제조 시 사용 범위가 매우 넓다.

2) 탄수화물(Carbohydrate)

탄수화물은 지방, 단백질과 함께 에너지를 공급하는 3대 영양소 중 하나이다.
탄수화물은 소화작용을 통해 포도당으로 분해되고, 이것은 에너지 생성을 위해 사용되거나 글리코겐으로 전환되어 간과 근육에 저장되며 대부분 체내 지방으로 축적된다. 탄수화물에는 기본 단위가 되는 단당류인 포도당, 단당류 2개가 결합된 이당류인 설탕, 포도당이 여러 개 결합된 다당류인 녹말과 글리코젠 등이 있다.

(1) 단순당질

콜라, 설탕, 케이크, 생과자, 아이스크림 등은 소화과정이 복잡하지 않아 바로 흡수될 수 있는 형태의 당질로 빨리 소화되는 만큼 인슐린 분비를 촉진시키게 되는 현상이 오래 진행되면 호르몬의 불균형을 가져와 탈모에 영향을 줄 수 있다.

(2) 복합당질

단순당질과 달리 천천히 대사되어 흡수되므로 갑작스러운 인슐린의 분비를 촉진하지 않는다. 전분과 식이섬유가 이에 속하며 토마토, 옥수수, 시금치, 쑥갓, 버섯, 미나리, 참깨, 파 등의 채소와 사과, 포도, 복숭아, 오렌지 등이 이에 속한다. 이는 탈모예방에 좋은 효과를 준다.

(3) 탄수화물의 기능

① 에너지 공급

1 g당 4 kcal의 열량을 낸다. 신체 활동을 위해서는 에너지가 요구되는데, 중추신경계는 에너지 급원으로 오직 포도당만을 사용하므로 중추신경계의 원활한 작용을 위해서는 반드시 필요하다. 탄수화물은 지방이 에너지로 쓰일 때 그 과정에서 중간대사 산물인 케톤제(ketone bodies)가 지나치게 쌓여 일어나게 되는 비정상적인 상태인 케톤뇨를 예방해준다.

② 단백질 절약 작용(Protein sparing action)

단백질은 에너지를 내는 일 외에 단백질 고유의 중요하고도 필수적인 기능이 있다. 탄수화물이나 지방이 부족하면 단백질은 이 고유기능을 못하고 에너지를 내는데 쓰이게 된다. 그러므로 탄수화물과 지방은 단백질이 에너지원이 되는 것보다 단백질의 고유기능을 하도록 단백질을 절약시켜주는 작용을 한다.

③ 장내 운동성

식이섬유질(dietary fiber)은 셀룰로스, 헤미셀룰로스, 리그닌, 펙틴질, 검(gum) 등으로 장내에서 물을 흡수하여 부드러운 덩어리를 만들고, 이것이 소화기관 근육의 수축을 자극하여 장내 연동 운동을 돕는 역할을 한다.

④ 신체 구성 성분

신체 내에서 중요 화합물을 형성하는데 주로 윤활물질이나 손톱, 뼈, 연골 및 피부 등의 구성 요소가 되고 있다. 그 외에도 단당이면서 5탄당인 리보스는 DNA와 RNA의 중요한 구성 성분이 되며, 이당류인 유당은 칼슘의 흡수를 돕는 작용을 한다.

3) 지질(Lipids)

지질은 당질, 단백질과 같이 주요 생체 구성 성분이며, 영양상 중요한 물질이다. 지질도 당질처럼 탄소(C), 수소(H), 산소(O)로 구성되어 있으며 1g당 9kcal 에너지를 공급하는 칼로리가 가장 높은 영양소이다. 지질은 물에 녹지 않으며, 에테르나 아세톤, 클로로포름 등 비극성 용매에 잘 녹으며, 지용성 비타민의 용매 역할로 체내 흡수를 도와준다.

지질의 기능은 다음과 같다.

(1) 신체 구조 형성

신경막을 포함한 거의 모든 세포막의 구조는 부분적으로 콜레스테롤과 인지질로 구성되어 있다. 지방 조직에서 구조를 형성하는 지방 축척은 체온을 방어하며, 다양한 기관을 충격으로부터 보호해준다.

(2) 대사 조절

콜레스테롤은 다양한 호르몬의 구성 물질로 대사 조절에 다양한 영향을 준다. 인체의 콜레스테롤의 대부분은 간에서 담즙염을 생산에 사용하며 담즙염은 지방 소화에 사용된다. 또한 인지질은 혈액 응고에 필요하다.

(3) 에너지원

인체의 대부분의 중성지질의 기능은 대사 과정을 진행하기 위한 에너지로 사용되며, 대부분의 중성지질은 인체의 지방조직에 저장되어 있다. 이들은 유리지방산(FFA)과 글리세롤로 분해되어 혈액으로 유출되며, 유리지방산은 조직으로 글리세롤은 간으로 이송되어 산소계를 통해 에너지를 생산하게 된다. 글리세롤은 간에서 다른 지질과 글루코스를 생산하기 위해 사용된다.

[중성 지방의 구조]

중성지방은 1분자의 글리세롤에 3분자의 지방산이 결합된 화합물이다.

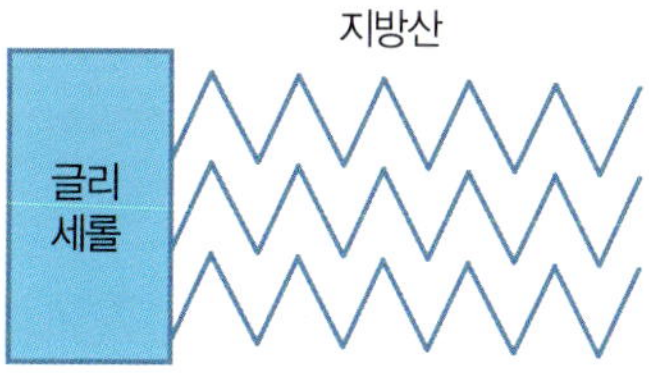

[인지질의 구조]

중성지방에서 1분자의 지방산이 인산기를 포함한 화합물로 바뀐 지질이다.

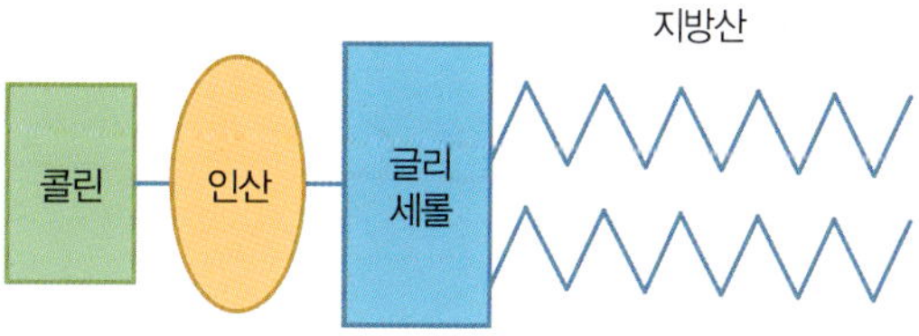

4) 무기질(Mineral)

무기질도 에너지원은 아니지만 몸의 구성 성분이 생리 기능을 조절하여 물질대사가 원활하게 일어날 수 있도록 하는 물질로써 인체에서 없어서는 안 되는 중요한 성분이다. 무기질은 혈액의 삼투압을 조절하는데 중요한 역할을 하며 체내의 수분량을 일정하게 유지하는 데도 깊은 관계가 있다.

물에 용해된 상태로 흡수되며, 체내 무기 염류의 양을 조절하기 위해 오줌과 땀을 통하여 밖으로 배출되기도 한다.

무기질에는 칼슘, 인, 마그네슘, 나트륨(소디움 이라고도 함), 칼륨(포타시움 이라고도 함), 염소, 황, 철분, 요오드, 구리, 불소, 망간, 아연, 셀레늄, 몰리브덴, 크롬, 코발트 등이 있다.

(1) 칼슘(calcium, Ca++)

골격과 치아를 구성하는 주요한 성분, 혈액응고 촉진, 체액의 적정 pH 유지, 신경자극의 전달, 심장의 규칙적인 박동, 신경근육의 흥분 억제 작용 등과 같은 중요한 생리 조절의 역할을 한다.	
급 원	우유, 난황, 치즈, 대두, 어육, 생굴, 해조, 멸치, 참깨, 새우 등
권장량	800~1200mg
결핍증	변비, 과민성대장증상, 골다공증, 발육장애, 경련, 충치, 신경불안증 등
과잉증	비타민 D와 함께 과량 복용시 고칼슘혈증, 칼슘침착, 미네랄 불균형

(2) 마그네슘(magnesium, Mg++)

여러 가지 산소반응 특히 에너지 발생 시의 촉매로서 중요하다. 단백질이나 미네랄의 동화를 돕고 조직의 산, 알칼리의 균형을 유지시킨다. 근육의 자극 감수성을 높여 체액의 알칼리성을 유지한다.	
급 원	어패류, 바나나, 시금치, 향신료에 함유되어 있다.
권장량	성인 300~400mg, 수유중 450mg, 어린이 체중 1kg당 6mg
결핍증	심장병, 고혈압, 신결석, 불면증, 부정맥, 저혈압, 뼈 형성 장애, 빈혈 등
과잉증	설사, 30000mg 이상 과량 복용시엔 신기능 이상 환자에게 위험함

(3) 칼륨(potassium, K+)

칼륨은 칼슘과 인 다음으로 우리 몸속에 많이 함유되어 있는 무기질로서, 수분과 전해질의 평형유지, 산과 염기의 평형유지, 근육의 수축과 이완 작용 등에 관여하는 역할을 한다.	
급 원	채소류, 특히 박과식물, 과일, 다시마, 효모, 흰콩, 바나나 등
권장량	정해진 것은 없으나 성인의 경우 하루 2000~3000mg정도 필요
결핍증	부정맥, 식욕감퇴, 근육경련, 변비, 피로, 무력증, 저혈당증
과잉증	25000mg의 과량 섭취시 신부전환자에 치명적

(4) 나트륨(sodium, Na+)

나트륨은 소금의 성분으로, 체내에서 삼투압 작용과 수분조절 작용을 하는 무기질이다. 일반적으로 비교적 짜게 먹는 식습관이 있는 우리나라 사람들의 경우, 나트륨의 결핍은 거의 일어나지 않는다.	
급 원	장류식품, 소금
권장량	정해져 있지 않으며 하루 1500mg 이상 섭취는 바람직 하지 않음
결핍증	구토, 호흡장애, 무력증
과잉증	고혈압, 편두통, 부종 등

Chapter 3

(5) 인(phosphorus, P)

인은 칼슘과 함께 뼈에 많이 포함되어 있는 무기질로서, 유전자를 조절하는 물질인 DNA와 RNA의 구성요소이기도 하고, 탄수화물의 산화와 에너지 대사에 관여하기도 하며, 효소의 활성화 등 세포의 기본활동에 필요한 여러 가지 기능을 수행한다.	
급 원	자두, 콩, 육류, 해바라기씨, 생선 등
권장량	우리나라에선 특별히 정해진 것 없지만 900~1200mg 정도면 무난
결핍증	심어린이의 구루병, 성인의 골연화증, 신경 및 뇌기능 장애
과잉증	특별한 부작용은 없음, 과량 섭취시 미네랄 불균형이 초래될 수 있음

(6) 아연 (zinc, Zn++)

아연은 체내에 소량 존재하는 무기질이지만 여러 효소의 구성성분이고, 핵산의 합성이나 면역 작용에도 관여한다. 식사를 통해 충분히 섭취된 아연은 바이러스나 박테리아 등에 의한 감염성 질병에 저항할 수 있도록 도와준다.	
급 원	육류, 간, 굴, 게, 새우, 우유 등
권장량	우리나라는 권장량이 정해져 있지 않으며, 미국의 경우 15mg
결핍증	태아기형, 저체중아, 성장발육 정지, 빈혈, 간 및 비장 비대
과잉증	하루 2000mg 이상은 위험

(7) 철분(iron, Fe++)

철분은 헤모글로빈(혈액단백질) 생성에 이용, 체내에서 산소를 각 기관조직으로 이동, 저장하는 데 관여하는 무기질로서 여러 효소의 보조인자 역할을 한다. 철분의 체내 저장량이 고갈된 후에도 계속해서 철분섭취가 부족하면 빈혈이 나타나게 된다.

급 원	육류, 계란, 우유, 채소 및 과일 등에 여러형태로 존재
권장량	여자 18mg, 남자 10mg, 임신중, 수유중일경우 20mg
결핍증	빈혈, 피로, 체내 산화작용 약화
과잉증	감염에 대한 저항력 약화, 소화불량, 변비

(8) 황(S)

인슐린, 뇌하수체전엽호르몬, 씨스틴, 메치오닌 등의 작용 도움준다. 산화환원과정에 필요하며 산소의 활성화에도 중요한 역할을 하고 있다. 또 모발, 피부, 손톱(발톱)의 건강에 필요한 미네랄이다.

급 원	콩, 생선, 무우, 양배추, 녹용
권장량	
결핍증	발이 빠지기 쉽고, 손톱(발톱)이 부서지며 습진, 발진, 기미
과잉증	

(9) 규소(Si)

골격의 강화와 모발, 손톱, 치아의 정상적인 발육에 필요한 미네랄로서 결핵, 점막과 민증, 피부장애 등의 예방과 치료를 촉진한다. 결핍되면 탈모가 일어나고 주름이 생기며 손톱이 물어지는 등의 노화현상이 나타난다.

급 원	해조류, 사과, 딸기, 양파, 포도, 현미, 보리 등
권장량	
결핍증	건망증, 인내력부족, 골다공증, 노화
과잉증	

5) 비타민(Vitamin)

비타민은 단백질, 지질, 탄수화물과 함께 체내에서 필요한 것으로 적은 양으로 동물의 영양을 지배하지만 부족하게 되면 결핍증을 일으키는 유기 화합물이다. 효소로서의 역할과 동물의 정상적인 성장과 발육유지, 생식 등에 필요로 한다.

또한 비타민은 용해도에 따라 지용성(A, D, E, K)과 수용성(C, B_1, B_2, B_6, B_{12}, 나이아신(niacin), 판토텐산(pantothenic acid), 비오틴(biotin), 엽산(folacin), 콜린(choline), 피트산(insitol) 비타민으로 나누어진다.

비타민 자체만으로는 에너지를 발생하거나 세포를 구성하는 물질은 아니나 체내에서 합성되지 않으므로 균형 잡힌 식사를 통해 공급해주어야 한다. 비타민은 라틴어의 vita(생명)와 amin(질소를 함유한 복합체)라는 의미로서 신진대사에서 비록 미량이지만 효소의 보인자(cofactor)로 작용하는 필수불가결한 유기 물질로서, 식품 속에 미량 함유되어 있다. 비타민D는 피부에서 일부 합성되며 비타민K와 비오틴(Biotin)은 장내 세균에 의하여 일부 합성되기도 한다.

지용성 비타민	수용성 비타민
기름과 유기용매에 용해된다.	물에 용해된다.
체내 축적이 용이하며, 간, 지방조직에 저장된다.	일정량을 흡수하고 남은 여분은 체외로 배출된다.
결핍증세가 서서히 나타난다.	결핍증세가 빨리 나타난다.
필요량을 매일 공급할 필요가 없다.	필요량을 매일 공급해야한다.
전구체가 존재한다.	전구체가 없다.

■ 지용성 비타민

물에 녹지 않고 지방에 녹는 성질을 가진 것을 지용성 비타민이라고 한다. 지용성비타민에는 비타민 A, D, E, K등이 있다.

명칭	생리작용	결핍증	주된급원
비타민A (Retinoids, Carotinoids)	• 발육을 촉진한다. • 상피세포(피부,점막)의 분화 촉진 작용을 한다. • 모발의 건조하고 부서지는 작용 방지	• 피지 분비가 감소, 땀샘의 작용이 약해지며 각질층이 두꺼워진다. • 피부의 윤기가 없다. • 모발은 건성으로 변하며, 부서지거나 빠지기가 쉽다. [결핍시] 시각장애, 상피각질	녹황색 야채 (시금치, 당근, 호박 등), 간, 난황, 장어, 성게 등 
비타민D (Calciferol, Ergocalciferol)	• 소장에서 칼슘, 인 재흡수 • 골 생성을 촉진시킨다. • 신세뇨관에서 칼슘, 인, 재흡수 촉진	• 소아에서는 구루병, 성인에서는 골연화증이 된다. • 충치가 생기기 쉽다. • 근육이 처져 배가나온다.	간류, 간장,난황, 버터, 푸른생선 
비타민E (Tocopherols, Tocotrienols)	• 호르몬의 평형 순환기 작용 • 근육의 위축방지	• 말초순환기 장애의 원인 [과잉시] 위장장애	소맥, 면실류, 난황, 버터, 콩류 
비타민K (Phylloquinone, Menaquinone)	• 혈액응고에 필요 • 포도당 등의 연소에 관계한다.	• 혈액응고 감소. • 출혈이 쉬워진다.	양배추, 시금치, 간, 토마토, 배추 

필수 지방산이란?

체내에 꼭 필요하나 체내에서 합성되지 않거나 합성되는 양이 부족하여 식사를 통해 섭취되어야 하는 지방산이다. 리놀산, 리놀렌산, 아라키돈산 등 식물성 식품에 많이 함유되어 있다.

■ 수용성 비타민

항산화제로 잘 알려진 비타민 C와 비타민 B 복합체에 속하는 비타민들은 수용성 비타민으로 탄수화물, 지질, 단백질 대사에 관여하는 보조효소로 작용한다. 수용성 비타민은 체외로 쉽게 배출되므로 매일 충분히 섭취한다.

명칭	생리작용	결핍증	주된급원
비타민B1 (Thiamin)	• 수화물을 에너지화 대사 촉진 • 뇌의 중추신경, 수족 등 말초 신경에 적용	• 각기병, 소화불량, 운동장애 • 투열에 열이 생기면서 각질층이 헐면 비듬이 생김	밀배아, 콩, 마른새우, 샐러리, 효모, 표고버섯, 돼지고기, 현미 등 
비타민B2 (Riboflavin)	• 눈, 피부, 입안의 점막 발육을 도와주고, 정상화 시켜준다.	• 피부를 건조하고 딱딱하게 함 • 모공이 확대되고 모발이 빠짐 • 지방흡수가 저하한다.	간, 알, 치즈, 분유 
비타민B6 (Pyridoxine)	• 체내의 단백질이나 필수 지방산의 이용에 관계한다. • 아미노산 대사조절 작용 • 만성결핍증은 수산염뇨를 일으켜 콩팥결석을 가져온다.	• 피시분비가 많아지고, 지루성 탈모의 원인이 된다. • 피부염을 일으키며 충치가 되기 쉽다.	간, 탈지분유, 육류, 생선, 대두, 콩류 
비타민B12 (Cobalamine)	• 적혈구의 생성을 촉진 • 단백질의 대사를 돕는다.	• 빈혈을 일으킨다. • 적혈구는 커지지만 수는 적어진다.	간, 조개류, 탈지분유, 치즈, 육류, 난황 
비타민C (Ascorbicacid)	• 항산화 작용을 한다. • 인체내의 산화형 물질을 환원형으로 되돌려 산화를 방지 • 콜라젠 생성을 촉진하여, 골절, 상처부위 수술후 빠른회복 • 산화형멜라닌 합성을 저지시키고 철분의 흡수를 촉진한다. • 정신적인 쇼크와 스트레스에 효과적이다.	• 괴혈병, 호흡곤란증, 관절통, 색소침착, 잇몸출혈 부종등	야채류, 특히 엽채류, 피망, 과일, 특히 딸기, 감자 

(1) 비타민의 필요성

비타민은 유기 화합물로 사람과 동물의 정상적 성장과 기능 유지에 필요하며, 13가지의 비타민 중 한 가지만 부족하여도 성장기에 성장의 부진이나 영양 부족으로 인한 질병에 걸리게 된다. 동물은 공기 중에서 동화작용이 불가능하여 체내에서 합성이 되지 않는다. 비타민은 에너지 원료나 조직 구성 요소는 아니지만, 에너지의 전달 과정과 조직 대사를 위한 필수 물질로 미량이 필요하다. 현재까지 알려진 바로 비타민이나 그 전구 물질은 식물에서 발견되며 세포에서 특수한 기능을 수행하며, 결국 식물이 동물에게 비타민을 제공하는 것이다.

(2) 지용성 · 수용성 비타민

지용성에는 비타민 A, D, E, K가 속한다. 지용성 비타민은 기름에 의해 추출되고 지방조직인 우유나 마가린, 시리얼 등 일상 식품에 공통적으로 함유되어 있으나 빛이나 공기 또는 식품 공정 중의 어떤 조건에 의해 쉽게 파괴될 수 있다. 따라서 지용성 비타민을 첨가할 때는 반드시 안전한 형태로 만드는 것이 중요하다. 수용성 비타민에는 아스코르브산(ascorbic acid)과 비타민 B군(vitaminB complex)을 들 수 있다. 비타민 B군은 체내에 효소작용을 나타내며, 수용성이라 부르는 이유는 물에 잘 녹기 때문이다. 수용성 비타민을 과다 섭취하면 세포에 어느 정도 저장되고 나머지는 요로 배설된다.

■ 지용성 비타민

① 비타민 A

비타민 A는 레티놀과 레티날을 포함하는 물질로 β 카로틴은 비타민 A의 전구체로 시각에 중요한 역할을 한다. 약간 부족하게 되면 모공각화증이라 하여 모공 주위가 딱딱하게 돌기되어 탈모가 촉진되고 야맹증이 나타난다. 결핍이 지속되면 피부는 건조성으로 단단하게 위축되기도 한다. 비타민 A는 모발용 크림에 배합하여 건조성 두피나 비듬이 많은 사람에게 바른다(과하면 탈모 현상이 일어난다). 동물성 식품에 들어 있으며 버터, 간유, 동물의 간, 난황, 우유, 기름진 생선, 치즈 등 카로틴으로는 황녹색인 짙은 시금치, 당근, 호박, 풋고추, 감, 토마토, 무청, 복숭아, 살구, 김 등에 많이 들어 있다.

② 비타민 D(Calciferol)

칼슘 흡수에 필요한 단백질의 합성을 자극하여 장에서 칼슘과 인의 흡수를 촉진시키며, 혈액 내 칼슘과 인의 양을 일정 수준으로 유지시켜 뼈에 침착시키는 작용을 한다. 모발 재생에 효과가 있으며 우유, 간유, 난황, 버터 등에 많이 함유되어 있다.

③ 비타민 E(Tocopherol)

항산화제로서 세포 내에서 산화되기 쉬운 물질인 세포막을 구성하고 있는 불포화지방산의 산화를 억제함으로써 세포막의 손상과 나아가서 조직의 손상을 막아준다. 식물성 기름, 두류, 녹황색 채소, 난황, 간유에 많다.

④ 비타민 K(Phylloguinone)

비타민K는 혈액응고에 필요한 단백질 합성에 요구된다. 녹황색 채소나 해초 등에 많이 함유되어 있다.

⑤ 비타민 F(Linoleic acid)

필수불포화지방산의 항 피부염 인자이며 리놀산, 리놀레산, 아라키돈산 등의 지방산으로 식물성 기름에 많이 함유되어 있으며, 모발이나 피부에 윤기를 준다.

■ 수용성 비타민

① 비타민 B_1(Thiamin)

피부에 직접 관계는 없으나 부족하게 되면 위장 장애로 국부지체를 일으킬 수 있다. 돼지고기, 효모, 강화곡류, 콩류 등 녹색 채소, 생선, 육류, 과일, 우유에 적당량 함유되어 있다.

② 비타민 B2(Riboflavin)

미용 비타민이라 하며 부족하게 되면 피부와 모발의 신진대사가 나빠진다. 리보플라빈은 광선이나 자외선에 의해 파괴되므로 주의하여야 하고 간, 효모, 우유, 계란, 육류, 채소, 우유에 함유되어 있다. 부족하면 탈모, 피부염, 구순구각염 등을 초래한다.

③ 비타민 B6(Pyridoxine)

아미노산의 생합성과 분해를 촉매하는 효소를 포함한 많은 대사효소들의 조효소로 당질, 지질 특히 단백질 대사에 중요하다.

④ 비타민 B 복합체(Pantothenic acid)

두류와 곡류, 동 · 식물의 식품에 함유되어 있으며 장내 세균에 의해 합성되므로 결핍증은 거의 발생되지 않는다. 파라아미노벤조산(para amino benzoic acid)은 흰머리의 예방에 도움이 된다고 한다.

⑤ 니코틴산(Nicotinic acid)

부족하게 되면 피부병 유발, 피부염 등을 일으키고 신경 계통에 이상을 초래한다. 효모, 간, 살코기, 생선, 모든 곡류, 계란, 땅콩 등에 많이 포함되어 있다.

⑥ 비타민 C(Ascorbic acid)

수용성 항산화제로 산화를 방지하며, 콜라젠 합성으로 조직 세포를 결합시켜 주어 뼈, 연골, 치아, 결체조직, 피부 등에 많이 함유되어 있다. 아미노산 대사에도 관여하며 부족하게 되면 콜라젠 형성 저하로 외상의 회복을 지연시킨다. 또한 면역 체제에 손상을 주며, 혈관 벽이 약화되어 신체 출혈과 치아와 잇몸의 구조가 변화하고, 빈혈 등 괴혈병 증세가 나타난다. 피부병을 유발하여 모발에도 영향을 준다. 조직 내에 비타민C 함량이 높으면 저항력이 커진다는 연구가 있다. 신선한 채소와 과일에 풍부하나 식품 가공 및 조리 시에 쉽게 산화 · 파괴되므로 주의하여야 한다.

6. 모발과 호르몬

호르몬(hormone)은 '잠에서 깨어나게 하는 물질' 이라는 그리스어 호르마오(Hormao)에서 유래되었다. 호르몬은 특별한 도관이 없이 직접 혈관속이나 림프 속으로 분비되며 각 호르몬은 표적기관이 있으며 극히 미량으로 그 표적기관을 조절하는 특징을 가지고 있다.

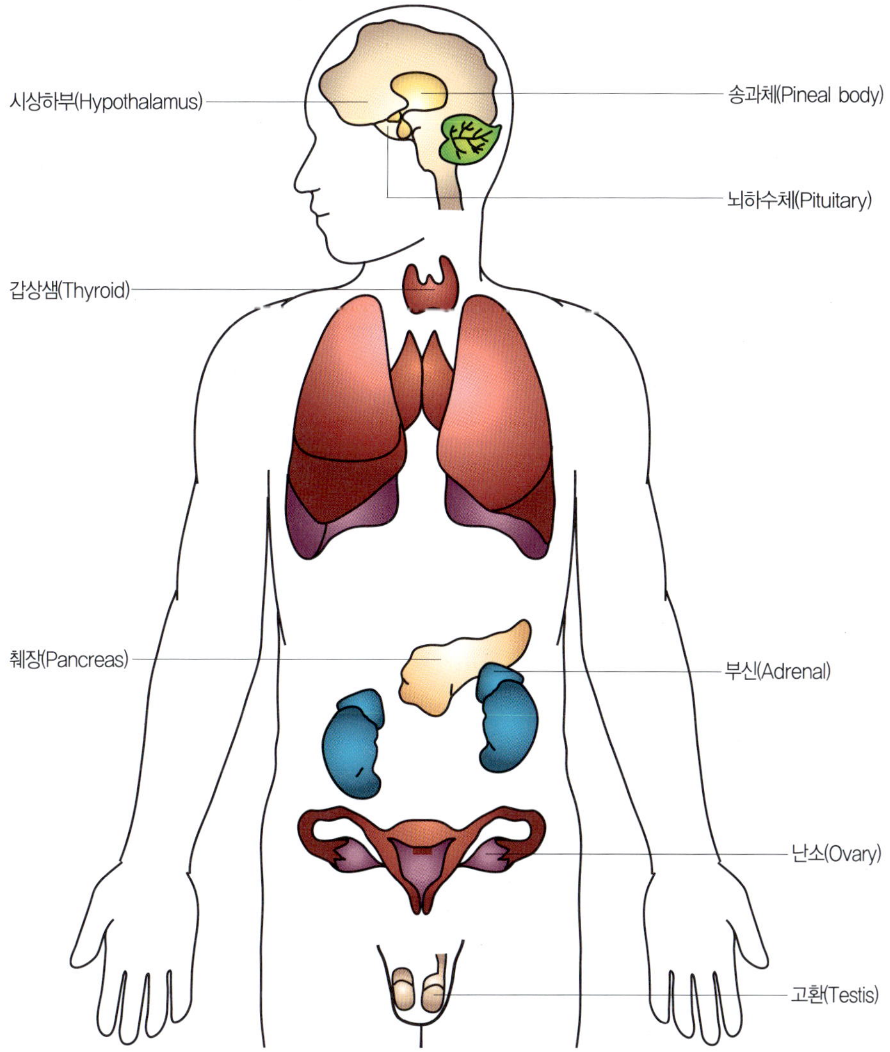

[사람의 호르몬]

1) 호르몬의 특성

1. 내분비샘에서 분비되어 혈액으로 분비한다.
2. 체내에서 합성되고 미량으로도 충분히 생리조절이 가능하다.
3. 표적 기관(특정 기관)에만 작용한다.
4. 척추동물에서는 종 특이성이 존재하지 않아 모든 종에 호환이 가능하다.
5. 과소증이 있기 때문에 피드백 작용으로서 양을 일정하게 유지한다. (항상성).

2) 모발에 관련한 호르몬의 작용

호르몬은 대사 조절작용이나 촉매작용에 의해 반응을 촉진시키거나 억제시킨다. 호르몬 중에서 단백질이나 아미노산의 유도체인 것들이 있다. 갑상샘 호르몬인 티록신(thyroxine)과 부신속질 호르몬인 아드레날린(adrenalin)은 필수 아미노산인 티로이신(tyrosine)에서 생성되며, 췌장에서 분비되는 인슐린(insulin)도 거대한 분자를 가진 아미노산의 유도체이다. 특히 모발과 관계있는 호르몬은 뇌하수체, 갑상샘, 부신겉질, 성선(난소나 고환) 등이다. 뇌하수체 전엽에서 분비되는 호르몬으로서 성장호르몬(GH), 갑상샘자극 호르몬(TSH), 부신겉질 호르몬(ACTH), 성선자극 호르몬(GTH) 등 여러 가지 일을 하는 호르몬이 분비되고 서로 관련성을 가짐으로써 몸 전체의 기능이 원활하게 유지된다.

(1) 뇌하수체 전엽 호르몬(Anterior pituitary hormone)

갑상샘, 부신겉질, 성선을 자극하는 호르몬(난포 자극 호르몬, 항체형성 호르몬), 유선 자극 호르몬과 성장 호르몬이 나오며 이들 호르몬의 분비를 지배한다. 뇌하수체의 이상이 있으면 탈모가 되며 호르몬을 투여하면 모발 발육이 좋다는 실험 결과도 있다. 그러나 호르몬의 직접적 작용이라기보다는 다른 호르몬의 분비를 억제 · 촉진시키는 간접적 작용을 한다.

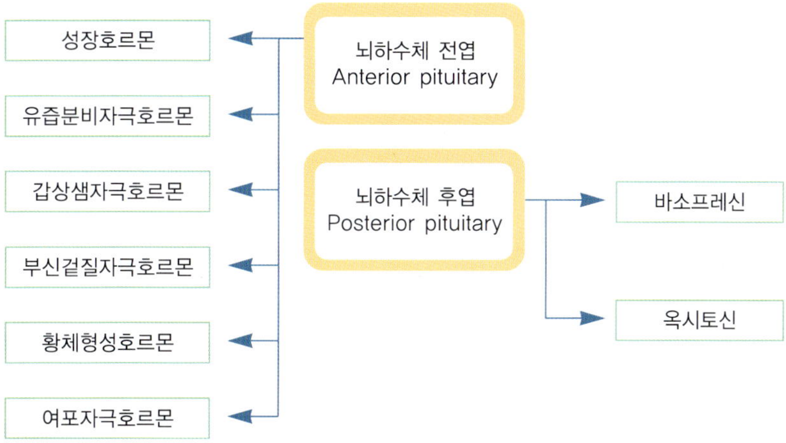

[뇌하수체 호르몬]

(2) 갑상샘 호르몬(Thyroxine)

모발의 발육에 관계하는 갑상샘 호르몬 기능이 쇠퇴해 지면 모발은 유연하며 가늘어지고 퇴화된다. 기능이 항진되면 발육은 양호하게 되고 지나친 항진도 '바세도우씨병(basedow's disease)' 과 같은 증상으로서 탈모가 일어난다. 갑상샘 호르몬의 생리작용의 기전은 물질 교대의 조절과 비만, 탈모, 손톱 발육, 불안 방지, 피부 윤기 등을 촉진시키며, 해초의 아이오딘(I) 성분은 갑상샘 호르몬의 원료가 된다.

(3) 부신겉질 호르몬(Adrenal cortex)

뇌하수체의 부신겉질의 이상은 여성의 경우 남성 호르몬과 같은 물질이 분비되어 성모나 체모에 영향을 준다. 성호르몬(corticosterone)과 같은 작용을 하는 호르몬이 분비되며, 여성으로서 체모가 짙거나 수염이 나는 것은 이 부신겉질의 기능 항진에서 온다. 부신겉질 호르몬의 생리작용 기전은 염류, 수분, 탄수화물의 교대, 인산의 첨가, 생명의 유지, 기미, 주근깨 등 병적색소의 침착 방지, 피부 윤기 등을 촉진시킨다. 부신은 양쪽 콩팥의 윗부분에 위치하고 있으며 안쪽은 부신속질(adrenal medulla), 그리고 바깥쪽은 부신겉질(adrenal cortex)로 구성되어 있다.

부신속질(adrenal medulla)은 교감신경의 말단이 부푼 것이며 에피네프린(아드레날린)과 노르에피네프린(노르아드레날린)을 분비하는데, 교감 신경에 의해 자극되면 이 두 호르몬은 에피네프린이 약 80% 노르에피네프린이 20% 분비된다. 이러한 비율은 생리적 상태에 따라 변화하며, 부신이외의 다른 교감신경에서는 노르에피네프린이 더 많이 생성된다. 기능적인 면에서는 에피네프린이 주로 다수의 미세혈관 망을 수축시키고 골격근 사이에 있는 혈관을 확장시키는데 비해 노르에피네프린은 대부분의 혈관을 수축시킨다. 그러나 일부 특정적인 반응에 있어서 그 작용이 서로 다르지만 대개의 경우 함께 작용한다.

(4) 성 호르몬(Corticosterone)

여성호르몬인 난소의 난포호르몬은 피지선 모낭의 발육을 억제시켜 모발의 발육을 촉진시키며, 혈액순환을 촉진시켜 피부의 기미 투명도를 높여준다. 에스트로젠(estrogen)과 프로게스테론(progesterone)과 같은 여성호르몬 중 모발과 관련이 깊은 호르몬은 에스트로젠이다. 여성 호르몬 결핍 시 모발이 거칠어지며 빠지기 쉽고 피부노화의 촉진을 초래한다. 남성호르몬은 안드로젠과 테스토스테론이 있으며 고환이나 부신겉질에서 만들어진다. 수염과 가슴 털의 성장은 고환에서 생성된 호르몬의 작용이며 음모, 액모, 팔, 다리등의 털의 성장은 부신겉질에서 생성된 호르몬의 작용에 의한 것이다. 남성호르몬의 분비촉진은 피지의 분비를 왕성하게 촉진시켜 지루성 탈모의 원인이 된다.

남성 호르몬의 정도	관련모발
고농도의 남성호르몬과 관련이 있는 남성형 모발	전두부(앞머리), 두정부(정수리), 수염, 가슴, 코끝, 음모
저농도의 남성호르몬과 관련이 있는 모발	겨드랑이 털 및 기타의 털
호르몬과 관련 없는 모발	후두부(뒷머리), 무릎 이하의 다리, 눈썹, 속눈썹

(5) 모발의 생장에 영향을 미치는 기타 호르몬

■ 코르티솔(Cortisol)

콩판의 부신 겉질에서 분비되는 스트레스 호르몬의 휴지기에서 생장기로의 시작을 방해하며 머리털과 몸의 털 모두 성장 억제 효과가 있다.

■ 에스트로젠(Estrogen)

여성 호르몬으로 모낭의 활동시작을 지연시킨다. 생장기 모발의 성장속도를 늦춤으로써 모발의 생장기간을 연장시킨다.

■ 프로게스테론(Progesterone)

여성의 황체호르몬으로 모발성장에 대한 직접적인 영향력은 경미하다. 머리카락에 대해서는 거의 성장억제 효과가 있으나 몸의 털에 대해서는 성장촉진 효과가 있다.

<table>
<tr><th colspan="3">내분비샘</th><th>호르몬의 이름</th><th>주요작용</th><th>결핍증</th></tr>
<tr><td rowspan="3" colspan="3">시상하부</td><td>성장호르몬
방출호르몬(GHRH)</td><td>성장호르몬의 분비 촉진</td><td>성장호르몬 분비저하</td></tr>
<tr><td>성장호르몬
억제호르몬(GHIH)</td><td>성장호르몬의 분비 억제</td><td>성장호르몬 분비과다</td></tr>
<tr><td>생식선 지극 호르몬 방출
호르몬(GnRH)</td><td>생식선 자극 호르몬의 분비 촉진</td><td>생식선 기능저하</td></tr>
<tr><td rowspan="8">뇌
하
수
체</td><td rowspan="6" colspan="2">전엽</td><td>성장호르몬(GH)</td><td>뼈, 근육, 내장 기관의 생장 촉진</td><td>성장 저해</td></tr>
<tr><td>갑상샘 자극 호르몬(TSH)</td><td>갑상샘 호르몬의 분비 촉진</td><td>갑상샘의 기능저하</td></tr>
<tr><td>부신 겉질 자극
호르몬(ACTH)</td><td>부신 겉질 호르몬의 분비 촉진</td><td>부신의 기능저하</td></tr>
<tr><td>여포 자극 호르몬(FSH)</td><td>여포의 성숙 촉진, 에스트로젠의
분비 촉진, 정자 형성 촉진</td><td>생식 기능 저하</td></tr>
<tr><td>황체 형성 호르몬(LH)</td><td>생식 기관의 발달 촉진, 테스토
스테론의 분비 촉진, 배란 촉진</td><td>생식기의 퇴화</td></tr>
<tr><td>프로락틴(PRL)</td><td>젖 분비의 촉진</td><td>유선의 발육 부진</td></tr>
<tr><td rowspan="2" colspan="2">후엽</td><td>옥시토신(OT)</td><td>자궁 수축</td><td>난산</td></tr>
<tr><td>항이뇨 호르몬(ADH)</td><td>세뇨관의 수분 재흡수 촉진</td><td>요붕증</td></tr>
<tr><td rowspan="2" colspan="3">갑상샘</td><td>티록신(T4)</td><td>물질 대사 촉진</td><td rowspan="2">크레틴 병</td></tr>
<tr><td>칼시토닌</td><td>체액 내 칼슘 대사 조절</td></tr>
<tr><td colspan="3">부갑상샘</td><td>파라토르몬(PTH)</td><td>체액 내 칼슘과 인의 대사 조절</td><td>테타니 병</td></tr>
<tr><td rowspan="3">부신</td><td rowspan="2" colspan="2">겉질</td><td>알도스테론(무기질코티코이드)</td><td>체액 중의 무기질의 농도를 조절</td><td rowspan="2">에디슨 병</td></tr>
<tr><td>코티손(당질 코르티코이드)</td><td>혈당량을 조절</td></tr>
<tr><td colspan="2">속질</td><td>에피테프린 노르에피네프린</td><td>혈당량을 증가, 혈압 상승</td><td>지방, 당의 대사 이상</td></tr>
<tr><td rowspan="2" colspan="3">이자
(랑게르한스 섬)</td><td>인슐린</td><td>혈당량을 감소</td><td rowspan="2">당뇨병</td></tr>
<tr><td>글루카곤</td><td>혈당량을 증가</td></tr>
<tr><td rowspan="3">생
식
선</td><td colspan="2">정소</td><td>테스토스테론</td><td>남성의 제2차 성징 발현</td><td>여성화</td></tr>
<tr><td rowspan="2">난
소</td><td>여
포</td><td>에스트로젠</td><td>여성의 제2차 성징 발현
여성의 생식기관 발달 촉진</td><td>남성화</td></tr>
<tr><td>황
체</td><td>프로게스테론</td><td>배란억제, 임신 지속
젖 분비 억제</td><td>유산</td></tr>
</table>

Chapter

4 모발의 화학적 특성

1. 모발의 구성
2. 모발의 화학결합
3. 모발의 화학적 특성
4. 원소주기율의 이해

1. 모발의 구성

모발은 대부분 케라틴 단백질(keratin)로 구성되어 있으며, 나머지는 멜라닌 색소, 지질, 미세원소, 수분 등으로 이루어져 있다. 단백질군(돼지고기, 소고기, 콩, 생선 등)의 음식을 섭취하면 소화효소에 의해서 단백질은 아미노산으로 분해가 된다.

식물과 미생물은 자체적으로 아미노산 합성이 가능 하지만 사람은 그 능력이 없으므로 생명을 유지하기 위해서는 음식물을 통한 단백질을 섭취하여야만 한다.

본 장에서는 모발을 이루는 물질의 기본 성질과 생체 내의 특성인 단백질을 구성하고 있는 아미노산 등의 기초적인 구조와 성질에 대해서 이해하고자 한다.

아미노산은 혈관을 통해 몸의 각 기관으로 보내지는데 모발에 있어서도 아미노산이 원료가 되기 때문에 모세혈관을 통해서 모모세포로 운반된다. 모발의 화학적 특성을 이해하기 위해서 먼저 모발을 구성하고 있는 원자와 분자을 이해하고 그 다음 모발의 원료가 되는 아미노산의 구조, 종류, 특성 등을 알아본다.그리고 여러 종류의 아미노산들이 어떻게 연결되어 단백질이 되는지, 모발과 관련되는 단백질의 종류나 구조 등을 살펴본다.

1. 식사	단백질원(쇠고기, 두부, 생선 등) 음식섭취
↓	
2. 소화	단백질이 소화효소에 의해 아미노산으로 분해
↓	
3. 운반	아미노산이 모세혈관을 통해 모유두에 있는 모모세포로 전달
↓	
4. 분열, 증식	모모세포가 분열, 증식하여 수분감소로 인하여 각화 세포화 되어 위로 밀려 올라가면서 모발이 성장함.

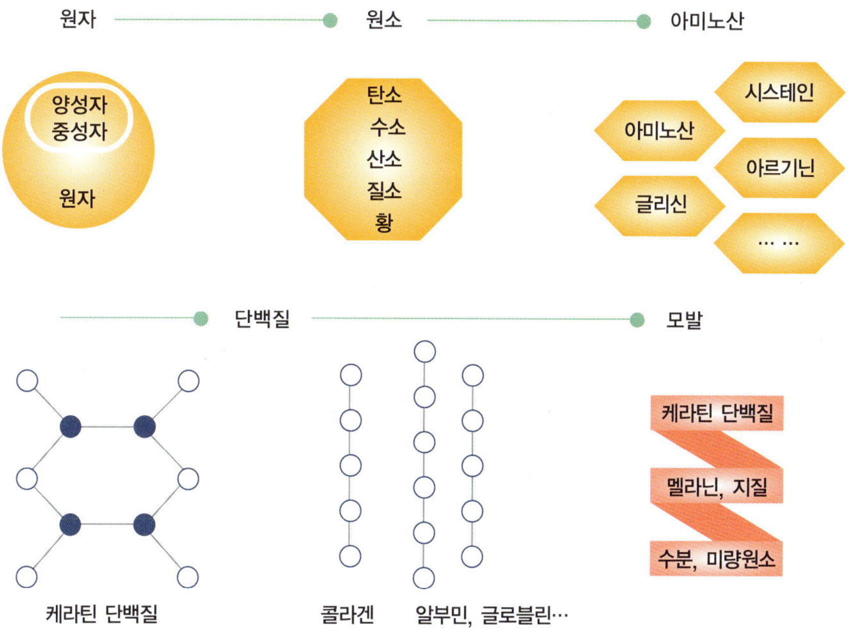

[모발의 화학적 구성 성분 모식도]

1) 물질(Matter: 物質)의 구성

물질(matter)이란? 우리 주위의 물체는 물질로 이루어져 있다. 크기나 겉모습에 중점을 둘 때는 물체로, 그 물체를 이루는 재료에 중점을 둘 때는 물질로 표현한다. 모든 물질은 매우 작은 분자 또는 원자의 집합으로 되어 있다.

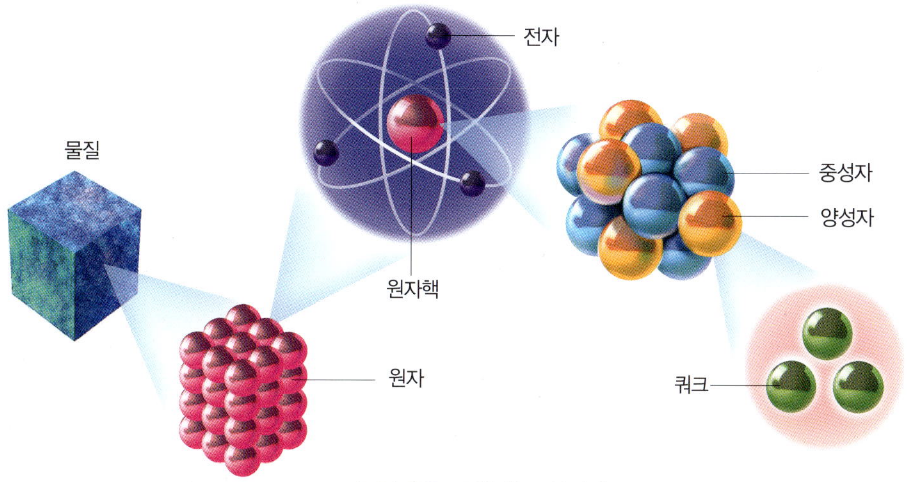

[물질을 구성하는 입자]

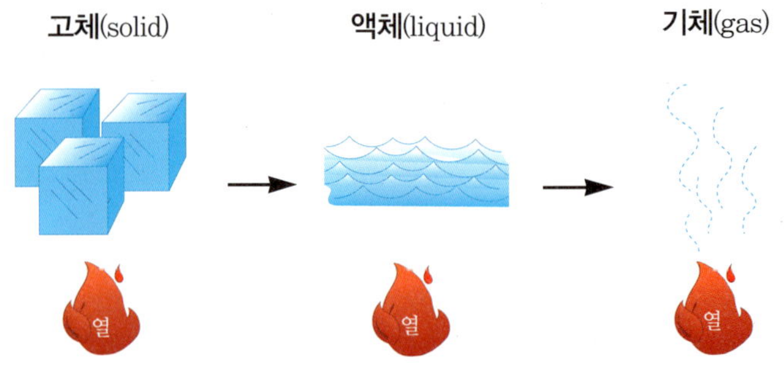

물질의 특성

- 고체, 액체, 기체 세 가지의 형태로 존재한다.
- 모든 물질은 원자로 이루어져 있다.
- 모발은 물질이다.
- 고체를 가열하면 액체로 액체를 가열하면 기체로 변한다.

(1) 원자(Atom)

원자라는 용어는 물질의 궁극적 입자라는 뜻으로 비분할(非分割)을 의미하는 그리스어 아트모스(atomos)에서 유래한 것이다. 즉, 물질을 쪼개고 또 쪼개는 과정을 반복해서 더 이상 쪼갤 수 없는 입자를 원자(atom)라 부른 것이다. 원소를 구성하며, 물질을 이루는 가장 작은 단위이다. 원자는 원자핵(양성자+중성자)과 전자로 구성되며, 중성이므로 양성자의 수와 전자수가 같다.

양성자	중성자와 함께 원자핵을 구성하는 입자이며, 양(+)의 전하를 가지고 있다.
중성자	원자를 구성하고 있는 입자의 한 종류로 전하를 띠지 않는다.

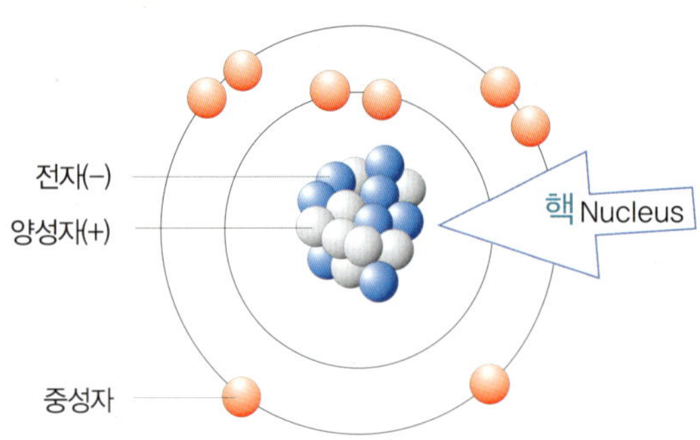

원자의 구조

(2) 원소(Element)

원자번호에 의해서 구별되는 한 종류만의 원자로 만들어진 물질 및 그 홑원소물질의 구성요소를 원소라고 한다. 한 종류의 성분으로 이루어 져있으며 더이상 나누어 지지 않는 가장기본이 되는 물질이다. 현재까지 지구상에 106종의 원소가 알려져 있다. 이 가운데 모발에 들어있는 것을는 탄소(45.2%), 수소(6.6%), 산소(27.9), 질소(15.1), 황(5.2)이 5가지 원소가 결합하여 모발의 단백질을 형성 한다.

원자번호	원 소	기 호	상 태
1	수 소	H	기 체
2	헬륨	He	기 체
3	리튬	Li	고체
6	탄소	C	고체
7	질소	N	기 체
8	산소	O	기 체
13	알루미늄	Al	고체
16	황	S	고체
80	수은	Hg	고체

대표적인 원소들의 원자 번호와 기호 및 상태

① 탄소(Carbon)

일상에서 없어서는 안 되는 의류, 의약품, 살충제, 플라스틱 등 지금까지 알려진 약 천만종류의 화합물들은 모두 탄소를 기본으로 하여 만들어진 유기화합물들이다. 탄소는 수소, 산소, 질소, 황 등의 비금속 원소와 안정한 공유결합 화합물을 만들 수 있기 때문이다. 탄소는 다른 원자와 결합 할 수 있는 원자가전자 수가 4개이고, 결합하기에 적절한 크기의 원자반지름을 가지고 있기 때문에 다양한 화합물을 만들 수 있다. 또한 탄소 화합물은 탄소 수가 증가할수록 사슬모양, 가지모양, 고리모양 등과 같이 다양한 구조의 이성질체를 만들 수도 있다.

Period \ Group	1	2	3	4	5	6	7	8	9
1	1 **H** Hydrogen 1,01								
2	3 **Li** Lithium 6,94	4 **Be** Beryllium 9,01							
3	11 **Na** Sodium 22,99	12 **Mg** Magnesium 24,31							
4	19 **K** Potassium 39,10	20 **Ca** Calcium 40,08	21 **Sc** Scandium 44,96	22 **Ti** Titanium 47,97	23 **V** Vanadium 50,94	24 **Cr** Chromium 51,99	25 **Mn** Manganese 54,94	26 **Fe** Iron 55,85	27 **Co** Cobalt 58,93
5	37 **Rb** Rubidium 85,47	38 **Sr** Strontium 87,62	39 **Y** Yttrium 88,91	40 **Zr** Zirconium 91,22	41 **Nb** Niob 92,91	42 **Mo** Molybdenum 95,96	43 **Tc** Technetium (97,91)	44 **Ru** Ruthenium 101,07	45 **Rh** Rhodiu 102,91
6	55 **Cs** Caesium 132,91	56 **Ba** Barium 137,33	57-71	72 **Hf** Hafnium 178,49	73 **Ta** Tantalum 180,95	74 **W** Tungsten 183,84	75 **Re** Rhenium 186,21	76 **Os** Osmium 190,23	77 **Ir** Iridiu 192,22
7	87 **Fr** Francium (223)	88 **Ra** Radium (226)	89-103	104 **Rf** Rutherfordium (261)	105 **Db** Dubnium (262)	106 **Sg** Seaborgium (266)	107 **Bh** Bohrium (264)	108 **Hs** Hassium (277)	109 **Mt** Meitneri (268)
Lanthanoids			57 **La** Lanthanum 138,91	58 **Ce** Cerium 140,12	59 **Pr** Praseodymium 140,91	60 **Nd** Neodymium 144,24	61 **Pm** Promethium (145)	62 **Sm** Samarium 150,36	63 **Eu** Europiu 151,96
Actinoids			89 **Ac** Actinium (227)	90 **Th** Thorium 232,04	91 **Pa** Protactinium 231,04	92 **U** Uranium 238,02	93 **Np** Neptunium (237)	94 **Pu** Plutonium (244)	95 **Am** Americi (243)

원자번호 — 12 · 기호 — Mg · 원소명 — Magnesium · 원자량 — 24.99

비금속 · 할로젠 · 알칼리금속 · 전이후금속 · 비활성기체 · 알칼리토금속 · 준금속 · 전이금속

■ 원소 주기율의 이해

주기율이란? 원소 91개와 인공적으로 만들어진 원소를 포함한 110여 가지의 원소들을 체계적으로 분류되었다. 주기율표에는 가로줄과 세로줄이 있다. 세로줄은 족(family)이라 하고 가로줄은 주기(period)라 한다.

10	11	12	13	14	15	16	17	18
								2 He Helium 4,01
			5 B Boron 10,81	6 C Carbon 12,01	7 N Nitrogen 14,01	8 O Oxygen 15,99	9 F Fluorine 18,99	10 Ne Neon 20,18
			13 Al Aluminium 26,98	14 Si Silicon 28,08	15 P Phosphorus 30,97	16 S Sulfur 32,65	17 Cl Chlorine 35,45	18 Ar Argon 39,95
28 Ni Nickel 58,69	29 Cu Copper 63,55	30 Zn Zinc 65,38	31 Ga Gallium 69,72	32 Ge Germanium 72,64	33 As Arsenic 74,92	34 Se Selenium 78,96	35 Br Bromine 79,91	36 Kr Krypton 83,79
46 Pd Palladium 106,42	47 Ag Silver 107,87	48 Cd Cadmium 112,41	49 In Indium 114,82	50 Sn Tin 118,71	51 Sb Antimony 121,76	52 Te Tellurium 127,6	53 I Iodine 126,91	54 Xe Xenon 131,29
78 Pt Platinum 195,08	79 Au Gold 196,97	80 Hg Mercury 200,59	81 Tl Thallium 204,38	82 Pb Lead 207,2	83 Bi Bismuth 208,98	84 Po Polonium (208,98)	85 At Astatine (209,98)	86 Rn Radon (222,02)
110 Ds Darmstadium (271)	111 Rg Roentgenium (272)	112 Cn Copernicium (285)	113 Uut Ununtrium (284)	114 Uuq Ununquatium (289)	115 Uup Ununpentium (288)	116 Uuh Ununhexium (292)	117 Uus Ununseptium	118 Uuo Ununoctium (294)

64 Gd Gadolinium 157,25	65 Tb Terbium 158,92	66 Dy Dysprosium 162,50	67 Ho Holmium 164,93	68 Er Erbium 157,26	69 Tm Thulium 168,93	70 Yb Ytterbium 173,05	71 Lu Lutetium 174,97
96 Cm Curium (247)	97 Bk Berkelium (247)	98 Cf Californium (251)	99 Es Einsteinium (252)	100 Fm Fermium (257)	101 Md Mendelevium (258)	102 No Nobelium (259)	103 Lr Lawrencium (262)

② 수소(hydrogen)

원자번호 1번인 수소는 양성자 1개와 전자 1개를 가지고 있으며 원소 중에서 가장 크기가 작기 때문에 수소 자장 합금의 원자들 틈에 들어가 결합할 수 있다. 대표적인 수소저장합금으로는 철-티타늄, 란탄-니켈 등이 있다.

③ 산소(oxygen)

그리스어의 "신맛이 있다"는 뜻의 oxys와 "생성된다"는 뜻의 gennao를 합해서 oxygen이라고 이름이 붙여졌다. 산소는 상온에서는 색깔, 맛, 냄새가 없는 2원자 분자로 존재ㅏ고 반응성이 매우 커서 비활성 원소를 제외한 모든 원소와 반응하여 산화물을 만들며, 생명체와 밀접한 관련이 있는 원소이다.

④ 질소(nitrogen)

질소는 공기의 약 78%를 차지하며 색, 맛, 냄새가 없는 기체로, 타지 않고 다른 물질을 태우지도 않는다. 공업적으로 애체 공기의 분별 증류로 얻을 수 있으며, 애체 질소는 냉동제로 이용된다. 식물은 질산염이나 질소 고정 박테리아가 만들어 놓은 암모니아로부터 질소를 흡수하여 단백질을 만들며 동물은 식물이 합성한 단백질을 흡수하므로 동물과 식물의 유해는 분해되어 나오는 질소는 지표나 대기중에 포함하게 된다.

⑤ 황(sulfur)

황은 노란색 고체로 열과 전기의 부도체이며 물에 녹지 않는다. 고대에는 황을 태워 그 연기에 쐬어서 소독하는 방법이 있었다고 한다. 그 후 의약 또는 화약으로 널리 사용되어 왔다. 지구상에는 자연황으로서 유리상태로 산출되지만 화합물로서도 광범위하게 다량 존재한다. 또한 생물계에서도 중요한 원소이며 단백질 속에 많이 함유되어 있다.

(3) 분자(Molecule)

원자나 이온이 화학결합에 의하여 몇 개가 모여 만든 물질의 특성을 가진 최소단위를 말한다. 2가지 이상 의 원자가 화학적으로 결합하여 만들어 진다. 모발을 구성하는 5개의 원소 모두가 불안정한 상태이기 때문에 이들 분자들 사이에 화학결합이 이루어져 결국 모발의 단백질을 구성한다. (물 분자 = H_2O)

■ 물 분자(H_2O)의 구조

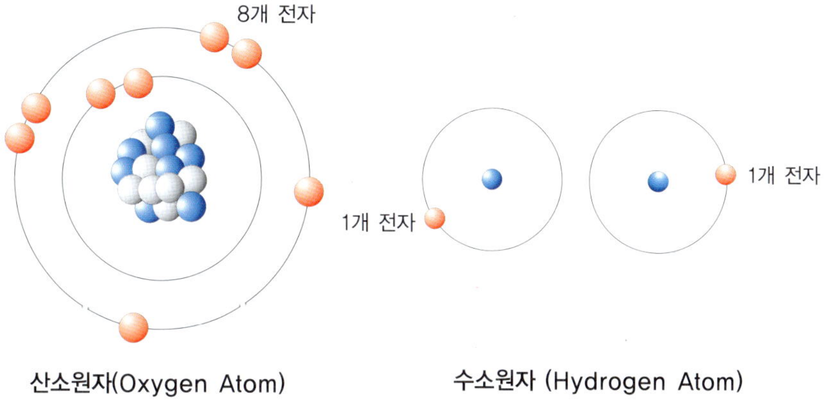

2) 모발과 아미노산(Amino acid)

아미노산은 단백질을 구성하는 단위로 독특한 구조와 기능을 가진다. 아미노산은 일반적으로 탄소를 중심으로 산성을 띄는 카르복실기(COOH)와 알칼리성을 띄는 아미노기(NH_2)와 수소기와 연결되어 있다.

■ 아미노산 기본구조

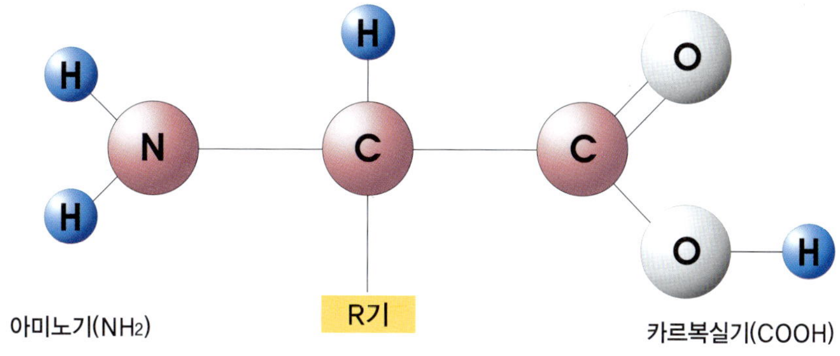

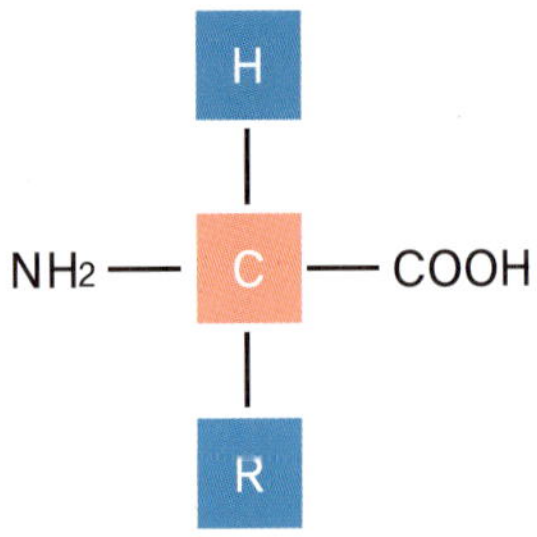

[아미노산의 일반구조식]

■ 아미노산의 공통 구조

아미노기(–NH_2), 카르복실기(COOH), 수소(H), 잔기(Residue)

– R(잔기)의 위치에 — H가 **결합**하면 글리신
— CH2–OH가 **결합**하면 세린
— CH3가 **결합**하면 알라닌
— CH2–SH가 **결합**하면 시스테인이 된다.

* R의 위치에 결합하는 원소에 따라서 20종류의 아미노산이 결정된다.

이러한 아미노산이 세로로 연결되어 있는 주쇄결합(主鎖結合)은 폴리펩티드끼리의 결합으로 이루어져 있고, 가로로 연결되어 있는 측쇄결합(側鎖結合)은 인접한 측쇄끼리 연결되어 있다. 아미노산의 기본 구조식은 그림과 같다. 여기서 R의 위치에 어떠한 종류의 분자식이 존재하느냐에 따라 아미노산의 종류가 다르다.

(1) 아미노산의 종류_ 모발을 이루고 있는 18개 아미노산의 종류

종류	아미노산명	함유량(%)
산성 아미노산	아스파라긴산(asparaginic acid)	3.9~7.7
	글루타민산(glutamic acid)	13.6~14.2
중성 아미노산	알라닌(alanune)	2.8
	글리신(glycine)	4.1~4.2
	이소류신(isoleucine)	4.8
	류신(leucine)	6.4
	메티오닌(methionine)	0.7~1.0
	시스틴(systine)	16.6~18.0
	페닐알라닌(phenylalanine)	2.4~3.6
	프로린(proline)	4.3
	트레오닌(threonine)	7.0~8.5
	세린(serine)	7.4~10.6
	트립토판(tryptophan)	0.4~1.3
	티로신(tyrosine)	2.2~3.0
	발린(valine)	5.5
염기성 아미노산	아르기닌(arginine)	8.9~10.8
	히스티딘(histidine)	0.6~1.2
	리신(lysine)	1.9~3.1

산성 아미노산	아미노산 일반식의 R이 산성의 카르복실기(COOH)를 가진 원자단일 때, 아민기(NH_2) 1개와 카르복실기 2개를 가진 아미노산이 되므로 산성이 강하기 때문에 산성 아미노산이 된다. 글루탐(glutamine), 아스파르트(asparagin)산이 있다.
염기성 아미노산	R이 염기성의 아미노산기를 가진 원자단일 때는 아미노산기 2개에 대해서 카르복실기 1개로 염기성이 강해진다. 리신(lycine)이 있다.
중성 아미노산	대부분의 아미노산은 R이 카르복실기나 아민기와 상관없는 기로 되어 있다. 이러한 아미노산이 중성 아미노산이다. 모발의 시스테인이 대표적인 아미노산이다.

(2) 아미노산의 구조

단백질의 실제 모양은 선형으로 펼쳐져 있지 않고 나선(helix)구조 또는 병풍(sheet)구조이다. 알파-나선(α-helix)구조는 선형의 폴리펩티드가 오른쪽으로 도는 나사모양으로 감긴 상태를 말하는데 많은 수의 수소결합에 의해 안전하게 지지되며 모발, 양모, 손톱, 발톱 등에서 흔히 관찰된다. 베타-병풍(β-sheet)구조는 명주실에서 볼 수 있는 구조로 폴리펩티드가 병풍 또는 주름 잡힌 판상구조를 이룬다. **시스테인은** 아미노산의 일반식 R이-CH_2 -SH로 전환된 아미노산으로-SH기(mercaptide)를 가지고 있다. 아미노산 이외의 화합물에서도 이-SH기를 가지고 있는 화합물을 총칭해서 메르캅티드(mercaptide)화합물이라 부르고 있다. 티오글리콜산(thioglycolic acid, HS-CH_2-COOH)도 이-SH를 가지고 있기 때문에 메르캅티드 화합물의 일종이다.

① 폴리펩티드(polypeptide)

펩티드는 아미노산의 중합체로서 잔기(Residue)라는 각각의 아미노산 단위가 아미드(amid)결합으로 연결된 것이다. 한 잔기의 아미노기가 다음 잔기의 카르복실기와 아미드 결합을 합성하면 디 펩티드(dipeptide)라 하고 세 개의 아미노산이 연결되어 있으면 트리 펩티드(tripeptide)라 하며 약 50개 이내의 아미노산의 결합을 **폴리펩티드**라고 한다. 콜라겐 단백질의 경우는 다른 두 펩티도 사슬의 시스테인 잔기 사이에 있는 두개의 황이 서로 공유결합을 하고 있는데 이것을 시스틴 결합(cystine bond) 또는 이황화물 결합(disulfide bond)이라고 한다.

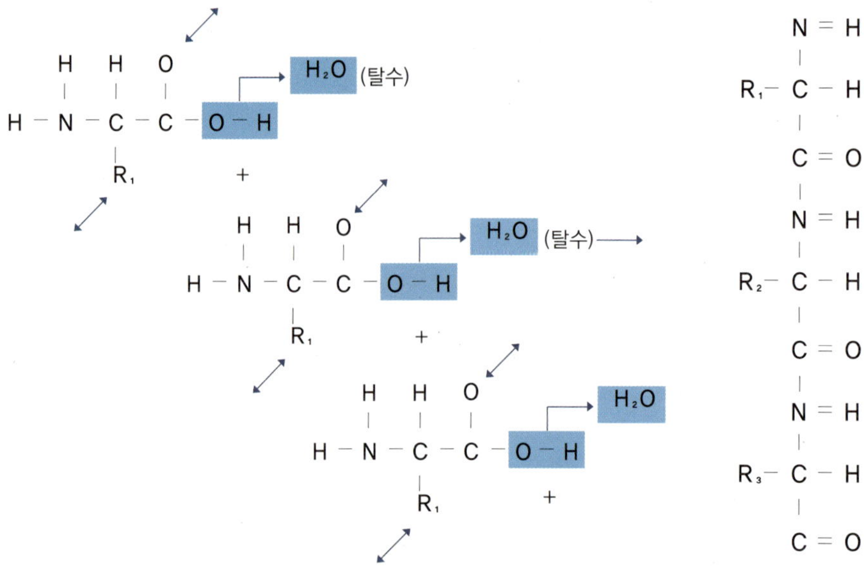

[폴리펩티드]

② 펩티드 아미노산 서열 결정

펩티드 아미노산들이 어떤 순서로 연결되 있는가를 알 수 있게 되는 것이다. Edman 이라는 사람이 개발한 단백질 서열 결정기계(protein sequenator)를 이용한 Edman 분해법에 의해 가능하게 되었다.

첫째, 펩티드의 C- 말단이나 N- 말단 부위를 가수분해시켜 아미노산 잔기를 하나씩 잘라낸다.

두 번째, 잘라낸 말단 아미노산을 유도체와 비교하여 분리 · 동정한다.

세 번째, 동정된 짧아진 펩티드 사슬을 연결하여 전체 서열을 확인한다.

③ 펩티드의 합성

1958년 Frederick Sanger는 사람 인슐린의 구조(펩티드의 전체 순서)를 밝혀냄으로써 노벨상을 수상하였다. 이것은 펩티드의 구조를 알게 됨으로 인해 생물학적 활성을 위한 펩티드의 합성이 가능하게 된다는 것을 의미한다. 펩티드 사슬에 아미노산을 하나씩 더 하거나 두 펩티드 사슬을 연결시킴으로써 새로운 펩티드를 합성하는 기술로 발전되었다.

3) 단백질

수많은 아미노산(amino acid)의 연결체로 50% 정도의 탄소와 이 외에 산소, 질소, 수소, 황 및 미량의 회분으로 이루어져 있다. 단백질과 폴리펩티드는 같은 말이지만, 보통 분자량이 비교적 작으면 폴리펩티드라 하고, 분자량이 매우 크면 단백질이라고 한다. 그러나 이러한 구별은 엄격한 것이 아니어서 두 가지를 혼용하여 사용된다. 폴리펩티드가 둘 또는 그 이상 모여서 하나의 집합체를 형성하고 있을 때는 반드시 단백질(protein)이라고 부른다.

Chapter 4

① 단백질의 화학적 분류

단백질의 구성상 순수한 아미노산으로만 이루어져 있으면 단순 단백질이라 부르고, 아미노산 이외에 기타의 물질과 결합되어 있으면 복합 단백질이라 부른다.

단순 단백질 (simple protein)	아미노산으로만 구성 되어있다. 알부민, 글로불린, 글루테닌, 프롤라민 히스톤, 피브리등 이다.
복합 단백질 (conjugated protein)	아미노산 + 기타 물질로 구성 되어있다. **당단백질:** 당과 단백질이 결합된 것, 달걀 흰자에 많이 함유되어있다. **인단백질:** 우유 속에 들어 있는 카세인이 대표적인 인단백질이다. **지단백질:** 지방과 단백질이 결합한 것이다. **핵단백질:** 핵산과 단백질이 결합한 것으로서 세포의 구성 성분이다. **색소단백질:** 색소와 결합한 단백질로서 헤모그로빈이에 속한다.

② 단백질의 구조

지금까지 원자, 원소, 아미노산이 모여서 단백질이 만들어지는 과정을 살펴보았다. 수많은 종류의 단백질은 일정한 규칙을 가지고 서로 연결되어 구조(structure)를 이루고 있는데 4가지 기본구조를 가지고 있다.

1차 구조(primary structure)

1955년 영국의 생어(Frederick Sanger)가 51개의 아미노산으로 이루어진 인슐린의 배열을 결정함으로써 확립되었다. 아미노산 잔기가 펩티드 결합에 의해 일렬로 연결되어 있는 상태를 말한다.

2차 구조(secondary structure)

2차구조는 1951년 미국의 폴링(Linus Pauling)이 처음으로 제안하였다. 사람의 모발이나 손톱을 구성하는 단백질인 케라틴(keratin)이 이러한 구조를 가지고 있다.

3차구조(tertiaty structure)

펩티드 사슬이 특수한 삼차원적인형태로 접혀져서(folding) 이루어진 구조로 단백질의 화학적인 특성을 갖게된다.

4차구조(quarterly structure)

여러 단백질 분자가 결합하여 생성된 거대한 집합구조를 말한다. 3차구조를 가진 단백질 분자들이 둘 이상의 집합체이다. 적혈구 속에 들어 있는 단백질로서 산소 운반 역할을 하는 헤모글로빈(hemoglobin)을 들 수 있다.

2. 모발의 화학결합

원자로부터 시작된 많은 화학적인 조성들이 탄성(elasticity)이나 강도(intensity), 신장(extension)등을 비롯한 모발의 여러 가지 물리 · 화학적인 특성들을 부여하기 위해서 조직적이고 복잡한 화학결합을 하고 있다. 모발의 화학결합이라고 하면 앞에서 살펴보았듯이 결국 모발을 이루고 있는 화학적 성분간의 결합이 그 기반이 된다. 모발의 기본구조를 살펴보면 마치 옷감을 짜 놓은 것 같이 길다란 세 가닥의 케라틴 단백질이 결합하여 단단하게 꼬여있다. 앞에서 언급하였듯이 세로의 결합은 모두 폴리펩티드 끼리의 결합으로 이루어져 있고, 이것을 통상 주쇄결합이라고 한다. 인접한 주사슬마다 가지고 있는 곁 사슬(아미노산의 구조 가운데 R의 부분)끼리도 결합을 하고 있는데 이것은 가로로 연결되어 있어서 측쇄결합이라고 한다.

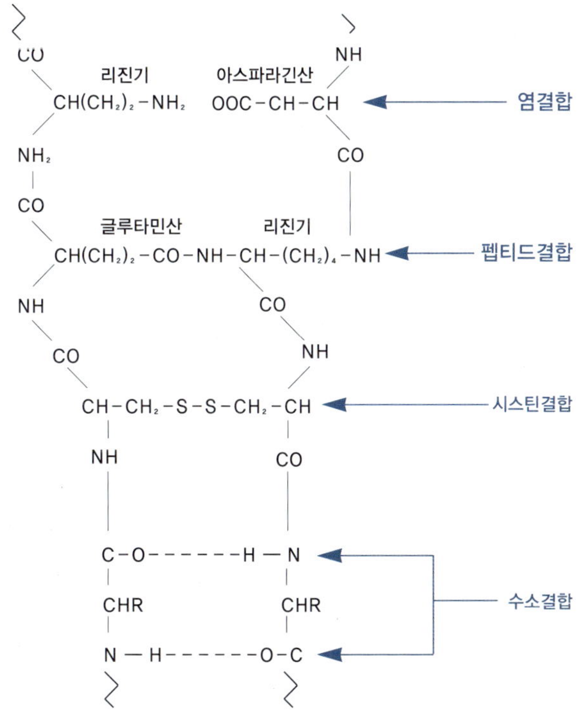

[폴리펩티드 주쇄와 측쇄]

1) 주쇄 결합(세로 결합)

많은 아미노산들은 한 아미노산의 카르복실기(-COOH, carboxyl group)와 다른 아미노산의 아미노기(-NH_2)사이에 아미드(amide)가 형성되어 연결되어 있는데 Emil Fisher에 의해 펩티드결합이라 불렀다. 두 개의 아미노산이 펩티드로 결합되어 있는 분자를 디펩티드(depeptide)라 한다. 또한 비교적 분자량이 작으면(10,000)이하 폴리펩티드(polypeptide)라 하고 분자량이 매우크면(10,000 이상) 단백질(protein)이라 부른다. 그리고 케라틴 분자는 약 4,000개의 폴리펩티드 결합으로 되어 있다.

폴리페티드 결합이 모발 내부에서는 나선형 모양으로 되어 있는데 모발이 자연 상태일 때는 α-케라틴, 모발을 잡아당겨 지그재그 상태일 때는 β-케라틴이라고 한다.

α-케라틴을 α-나선구조라 하며 긴 단백질 분자의 사슬이 나선으로 꼬여있는 구조

폴리펩티드 결합 〉 시스틴 결합 〉 수소결합

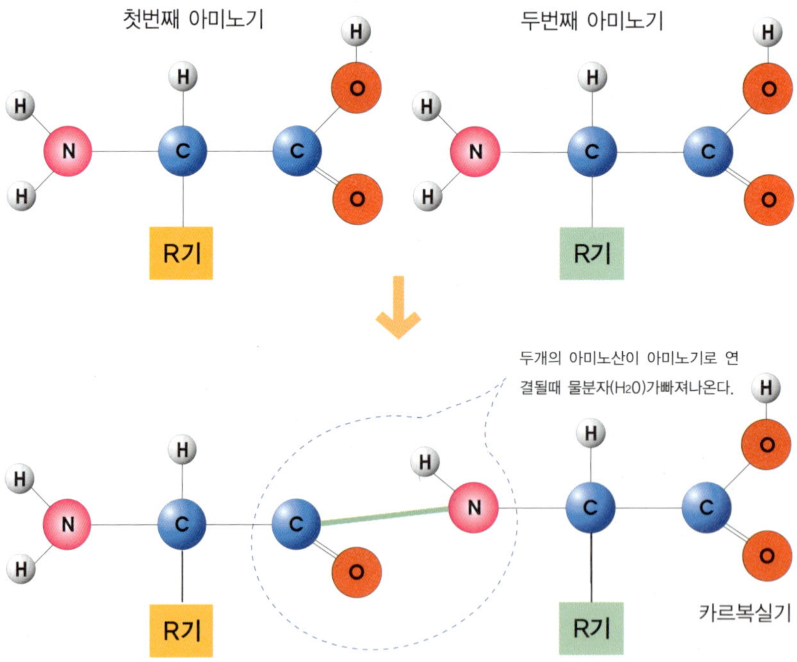

[펩티드 결합에 의한 2개의 아미노산 연결]

이다. α-케라틴은 시스틴에 의해 견고성과 유연성을 지니고 있으며, 강하고 물에 녹지 않고 나선형 형태의 보호적, 구조적 역할에 적합하다.

β-케라틴 구조는 병풍구조라 하는데 뜨거운 물이나 수증기, 알칼리 등으로 처리된 모발은 β-케라틴으로 고정되어 수축되지 않기 때문에 유연성을 있으나 탄력성은 없다. 케라틴 단백질의 주 사슬을 이루기 위해서 수천 개의 아미노산이 모여서 폴리펩티드 결합을 이루고 있으며 측쇄결합에 비하여 결합력이 더 강하기 때문에 모발이 가로보다 세로로 더 쉽게 끊어지며 폴리 펩티드결합이 여기에 속한다.

2) 측쇄 결합(가로 결합)

모발의 케라틴은 3종류의 측쇄결합에 의해서 단단하게 연결되어 있어서 기계적으로도 매우 튼튼한 구조를 하고 있고 탄력이 있다. 펩티드 결합, 시스틴 결합, 염(이온) 결합, 수소결합 등이 있다. 퍼머넌트 웨이브제는 측쇄결합의 시스틴 결합을 끊어주는 역할을 한다.

- 약한 결합: 수소 결합, 이온(염) 결합
- 강한 결합: 시스틴 결합, 펩티드 결합

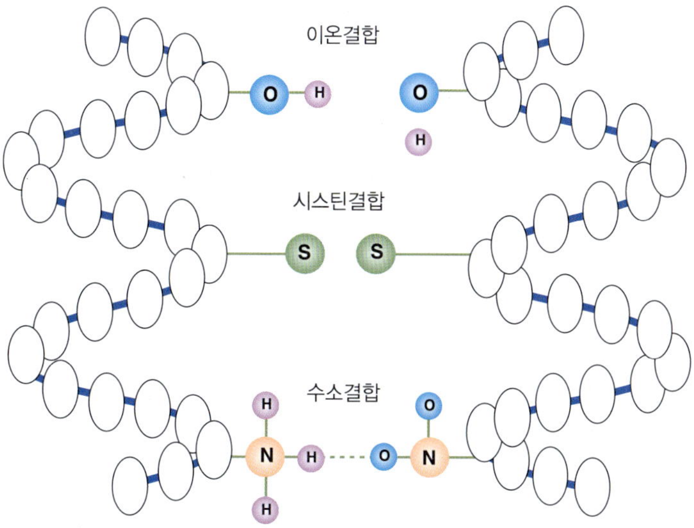

[모발의 화학결합]

(1) 이온 결합(Ionic bond)

아미노산이 펩티드결합을 만들 때에는 카르복실기와 아미노기가 1개씩 사용되기 때문에 염기성 아미노산은 아미노기가 1개, 산성아미노산은 카르복실기가 1개 또는 여러 잔기로서 남아있다. 이와 같은 측쇄를 갖은 폴리펩티드 주쇄가 접근하면 상호 아미노기의+와 카르복실기-가 이온적으로 결합한다.

이것이 이온결합이다. 보통의 퍼머약이 알칼리성이 되는 이유 중의 하나는 이 결합을 절단하는데 사용되기 때문이다. 인접한 주쇄 간의 아미노기(NH_2+)와 카르복실기(COOH-)가 정전기적 결합을 한 것이어서 양쪽의 전위차가 없을 때 가장 강하게 결합한다. 즉 모발이 등전점일 때에 있을 경우 이온 결합이 강하고 강산이나 강알칼리일 때는 결합이 약해진다.

(2) 시스틴 결합(Kystine bond)

시스틴 결합은 황(S)을 함유한 단백질의 특유한 결합으로 다른 천연섬유(견, 목견 등)와 합성섬유에는 볼 수 없는 측쇄 결합으로 케라틴을 특징짓는 중요한 결합이다. 기계적으로는 상당히 단단한 결합이지만 화학적으로는 반응을 받는 것과 절단되는 것이 쉽고 또한 다시 결합될 수 있다. 시스틴은 2분자의 시스테인이 산화되어 상호간 결합한 것이다. 이 시스틴을 환원하면 원래의 2분자의 시스테인으로 되돌아간다.

산화와 환원의 반응을 모형적으로 표시하면 다음과 같다.

-S-S- 결합을 시스틴 결합이라 부른다. 그리고 폴리펩티드 주쇄를 구성하는 시스테인은 측쇄잔기로서 CH_2-SH가 남게 된다. 인접한 주쇄 간의 시스테인잔기끼리는 산화되어 수소가 얻어지며 주쇄 간은 -S-S-의 결합으로 황으로 연결된다.

케라틴 단백질의 특징은 시스틴을 많이 함유하며 시스틴의 황과의 결합은 측쇄 결합 중에서 가장 강하다. 화학적 약품(환원제)을 사용하여야만 끊어지며 이러한 원리를 이용한 미용 기술이 바로 퍼머넌트 웨이브이다. 유황을 비교적 많이 포함하고 있어서 |-S-S-|(황)결합이라고도 한다. 주쇄 결합보다는 결합력이 약하여 모발을 길이로 쉽게 갈라지게 한다.

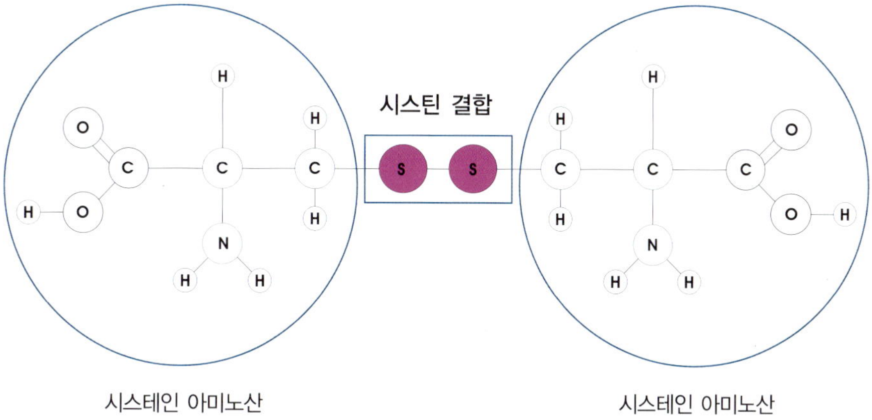

[모발의 시스틴 결합]

(3) 수소 결합(Hydrogen bond)

수소 결합의 분자 간의 힘은 화학결합보다 훨씬 약하다. 그러나 어떤 분자들 사이에는 특별히 강한 분자간의 힘이 작용되어 결합이라는 이름으로 불린다. 수소결합이 바로 이 특별한 분자 간 상호작용을 가진다. 두 원자 간의 전기음성도 차이가 크게 나면 양전하(+)와 음전하(–)사이에 정전기적 인력이 크게 작용하여 분자 간에 수소결합이 형성된다. 즉 수소결합은 F, O, N와 같이 전기 음성도가 큰 원자가 공유결합을 하고 있는 수소원자와 다른 분자 중의 전기 음성도가 큰 원자(F, O, N) 사이에 작용하는 인력을 말하며 녹는점, 끓는점이높고 비열, 기화열, 점성도가 크다. 주쇄의 가운데 혹은 인접된 주쇄간의 산소(O)와 수소(H)간의 인장력에 의한 결합으로서 산소와 수소간의 거리가 먼 경우 결합은 물에 쉽게 절단되지만 건조함으로써 재결합된다. 물론 거리가 가까운 만큼 결합력이 강하게 된다. 수소결합의 결합력은 분자 간 힘보다 크지만 분자 내 결합력보다는 1/10정도의 세기를 갖고 있으며 공유결합에 대한 결합력보다 매우 약하다고 볼 수 있다. 한 개의 수소 결합력은 미약하나 측쇄 결합 가운데 가장 많이 존재하기 때문에 모발을 다양하게 변화시킬 수 있다. 이 결합은 물에 의해서 쉽게 끊어지기 때문에 일시적인 드라이와 세트(set)가 가능하다.

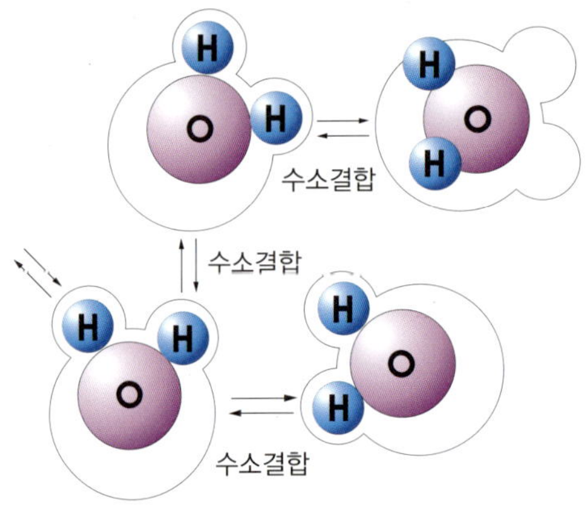

[수소 결합에 의한 물 분자의 형성]

(4) 펩티드 결합(Peptide bond)

아미노산의 카르복실기(COOH)와 다른 아미노산의 아미노기(NH_2)에서 물분자(H_2O)가 빠지면서 두 아미노산이 연결되는 것으로 결합은 –(C=O)–(N–H)– 처럼 이루어지게 된다. 바로 옆의 아미노산과는 펩티드 결합으로 연결되며 단백질이 되는데 중요한 결합이다.

■ 소수성 결합

알콜, 수지류 등은 시간이 지나면 흡수되기 때문에 케라틴에서는 소수성기와 소수성기 사이에는 움직이는 힘이 있다. 이 결합을 소수성 결합이라 부른다.

■ 판데르발스 힘(Van der waals' force)

분자간의 인력(분산력)으로 종합적으로 움직이는 응집력의 결합된 것이라고는 할 수 없는 약한 힘이지만 분자 간이 힘 자체를 나타내기도 한다.

3. 모발의 화학적 특성

(1) 모발과 pH(Potential of Hydrogen ions : 수소이온 농도 지수)

1909년 덴마크의 쇠렌센(P. L. Sorensen)이 수소이온 농도를 보다 다루기 쉬운 숫자의 범위로 표시하기 위해 pH를 제안하였다. pH(페하)는 독일어로 보통 '피에이치'라고 읽고 있지만 원칙은 페하라고 읽어야 하며, pH는 독일어의 힘을 뜻하는 Potenz(포텐츠)의 p와 수소의 원소 기호인 H가 합쳐진 말로 p는 반드시 소문자로 써야 한다. 일반적으로 pH라는 것은 Potential of Hydrogen Ions(수소이온 농도 지수)로서 어떤 용액의 산성, 알칼리성의 정도를 수치로 나타내는 것을 말한다. 측정 수치는 0(강한 산성)에서 14(강한 알칼리성)까지 있으며 7 이하를 산성, 7이상을 알칼리성이라 하고 7을 중성이라고 한다. 온도가 상온인 보통 15℃에서 측정하며, 상온에서 중성은 pH7이며 온도가 바뀌면 pH도 바뀐다. 수분이 없는 물질에는 pH가 존재하지 않으며 반드시 수분이 있는 물질에서만 측정하여 나타낼 수 있다. 따라서 모발 자체의 pH는 존재하지 않으나 수분을 함유하고 있을 때 모발 표면 또는 피질 내에 있는 수분의 pH를 측정하여 이것을 모발의 pH라 한다.

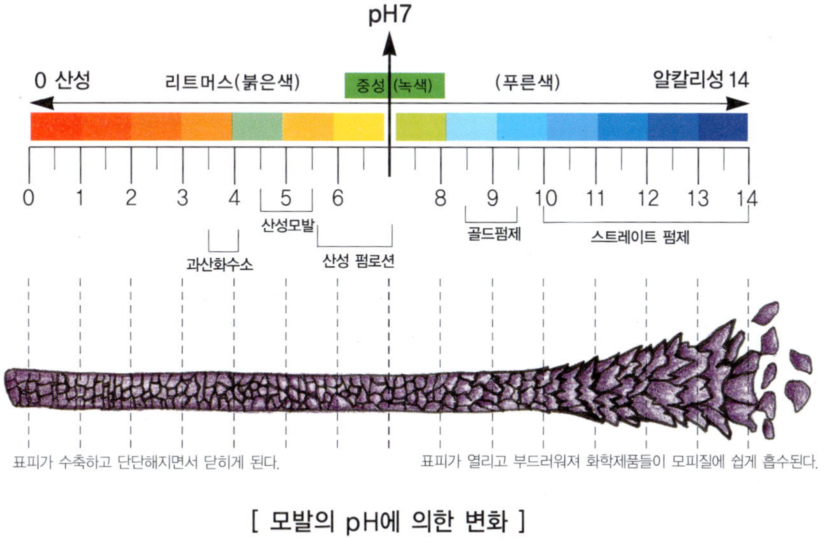

[모발의 pH에 의한 변화]

(2) 모발의 등전점

일반적으로 케라틴 단백질을 만들고 있는 아미노산은 분자 내에 염기성 아미노기(-NH_2+) 1개와 산성의 카르복실기(-COOH-) 1개를 가지고 있다. 모발을 구성하는 아미노산과 카르복실기는 이온적으로 (+)와 (-)의 전기적인 결합(염결합)으로 연결되어 있으며, 알칼리성은 (-)이온으로 산성은 (+)이온으로 존재한다. 모든 아미노산기와 카르복실기는 폴리펩티이드 결합 또는 염결합 할 때의 모발의 pH는 4.5~5.5이며 이때 모발은 가장 안정되어 있는 상태로 모발의 등전점이라고 한다.

모발이 물리적 · 화학적 작용에 의해 손상이 되면 아미노산내의 아미노기와 카르복실기가 변하여 아미노기가 많게 되면 모발의 pH가 산성으로 변화한다. 모발이 알칼리와 가까워질수록 연화 팽윤하여 모발의 단백질 구조는 느슨해져 불안정한 상태가 된다. 즉 약알칼리에서는 모발의 연화를 주지만 강해지면 모발의 구조는 물론 단백질도 분해시킨다.

이러한 팽윤, 연화되는 성질을 이용하여 퍼머넌트 웨이브나 염색 시 약제가 모피질에 쉽게 침투되며 pH가 10이상이면 모발이 부풀게 되며 모발 손상을 초래하게 된다. 모발은 산성 쪽으로 갈수록 수렴, 경화되고 알칼리 쪽으로 갈수록 팽윤 · 연화된다.

(3) 산성과 모발

모발은 화학적인 자극 특히 산성에 대한 저항력은 알칼리에 비해 강한 편이며 모발 내의 단백질 및 모표피는 산성에 대해 수축 작용을 일으켜 산성의 모발 내부 침투를 방지한다. 따라서 산성에 의한 모발의 손상도는 알칼리보다는 극히 적다고 볼 수 있으나 강한 산성(pH1.5~2)에 의한 모발은 가수분해(加水分解)되고 폴리펩티드 결합이 끊어져 아미노산으로 분해되어 결국 모발의 손상이 초래된다.

(4) 알칼리와 모발

모발에 알칼리제를 처리하여 등전점(等電點)에서 멀어지면 멀어질수록 아미노산의 결합이 약해져 모발도 약해지며, 특히 강한 알칼리에 의해서는 측쇄 결합은 물론 단백질 자신도 분해된다. 산화제는 알칼리성으로 활발하게 반응해서 효소를 발생시켜 모발 중의 멜라닌을 탈색시키거나 염료를 산화 중합시켜서 발색을 촉진하는 작용을 한다. 특히 퍼머넌트 웨이브 약제나 염색의 약제는 대부분이 알칼리 제품으로 사용 시 깨끗하게 헹구거나 손상 모발에는 알칼리성이 약한 제품을 사용하는 방법이 현명하다. 따라서 알칼리성 약제를 사용한 후에는 산성 린스로 회복이 필요하다.

■ 산성모발과 알칼리성 모발의 차이점

	산성 모발	알칼리성 모발
pH	pH1.5～2	pH11～14
특징	딱딱하게 경화	부드럽고 연화
단백질	단백질 수축	단백질도 분해
저항력	강하다.	약하다.
손상도	적다.	크다.

(5) 알콜에 의한 변화

알콜에는 용해, 기화, 탈수, 소독 살균, 수축, 응고 등의 작용이 있다. 따라서 농도가 50% 이상이면 모발을 구성하는 단백질에 대해서 탈수, 수축, 응고 반응을 일으켜 모발이 변성되고 50% 이하에서도 장기간 노출되면 모발에 여러 가지 손상을 주게 된다. 따라서 모발 제품에 많이 들어 있는 헤어 토닉, 스프레이 제품 등의 지속적 사용은 결국 모발의 단백질 변성으로 인한 변화로 손상을 초래한다.

Chapter 5 모발의 물리 · 역학적 특성

1. 모발의 물리적 특성
2. 모발의 역학적 특성
3. 모발의 물리 · 역학적 특성과 미용

1. 모발의 물리적 특성

모발을 이루고 있는 케라틴 성분은 특수한 분자 구조를 가지고 있다. 모발의 흡습성, 팽윤성, 열변성, 광변성, 대전성 등 모발의 물리적 성질에 대해 알아보기로 하자.

1) 모발의 흡습성

모발은 친수성(親水性)을 가지고 있기 때문에 수분을 흡수하는 성질이 크고 보통 상태의 공기 중에서 10~15%의 수분을 포함한다. 또한 샴푸 직후에는 약 30%, 블로우 드라이어로 건조한 후에는 10% 전후의 수분을 흡착하고 있다. 그러나 손상이 많은 모발이거나 건성 모발인 경우는 건조한 상태의 함수량은 10%이하로 떨어져 모발이 푸석거리며 거친 느낌을 준다. 모발의 수분 흡수율은 다른 합성 섬유와 비교해도 매우 큰 차이를 나타낸다.

습도 / 섬유	100(%)	65(%)	흡수율(%)
모발	43	15	28
양모	27	17	10
목면	16	5	11
나일론	7	4	3

(1) 온도와 습도의 영향

기온이 높고 공기가 건조할 때에 세탁물이 빨리 마르는 것과 같이 흡수량은 같은 온도라도 습도가 높으면 증가하고, 같은 습도라도 온도가 높아지면 감소한다. 모발의 수분량을 비교할 때 동일한 온도와 습도에서 수분량을 측정해야하는데 보통 습도 65%, 온도 25℃를 표준 상태로 수분율을 나타내는 것이 일반적이다. 같은 습도에서도 온도가 높아지는 만큼 흡수율은 감소하고 같은 온도에서 습도가 높아지는 만큼 흡수율은 증가한다. 즉, 온도의 고저(高低)에 의한 흡수율의 증감(增減)보다 습도의 고저에 의한 흡수율의 증감이 큰 것을 알 수 있다. 따라서 흡수율은 온도보다 습도의 영향이 크다.

(2) 모발구조의 흡착 현상

모발의 경우 표면의 물을 닦아내도 내부에 물을 흡수하고 있기 때문에 원래의 무게보다 무겁게 된다. 그러나 건조하면 내부의 수분도 밖으로 나와 원래의 무게로 돌아가기 때문에 수분이 화학적으로 모발을 변화시키는 것이 아님을 알 수 있다. 이와 같은 모발의 흡착 현상은 모발내부의 구멍에 의해 일어나며, 흡착과정은 4단계로 설명되어진다. 1단계는 흡착초기, 2단계는 소분자막(내부표면이 거의 한층의 물분자로 덮여진 상태), 3단계는 소분자막위에 물분자가 겹쳐진 상태, 4단계는 모발내부의 구멍속이 거의 물분자로 가득 차여진 상태이다. 물이 모발에 흡착할때에는 체적수축이라는 현상이 나타나는데, A + B = C가 되지만 실제로는 A + B 〉 C가 되어 예상한 체적보다 적어진다. 이와 같은 현상을 체적수축이라고 한다.

A : 건조한 모발의 체적
B : 흡수된 물의 체적
C : 물을 흡수한 모발의 체적

Chapter 5

(3) 수착 히스테리시스(履歷現象, Hysteresis)

건조한 모발이 젖어가는 경우(수착)와 젖은 모발이 건조되어가는 경우(탈착)의 수분율과 습도와의 관계에서 수착곡선과 탈착곡선은 불일치하는 현상을 말한다. 같은 습도에서도 젖은 모발이 건조되어 가는 경우 즉, 탈착곡선이 함수량이 높다.

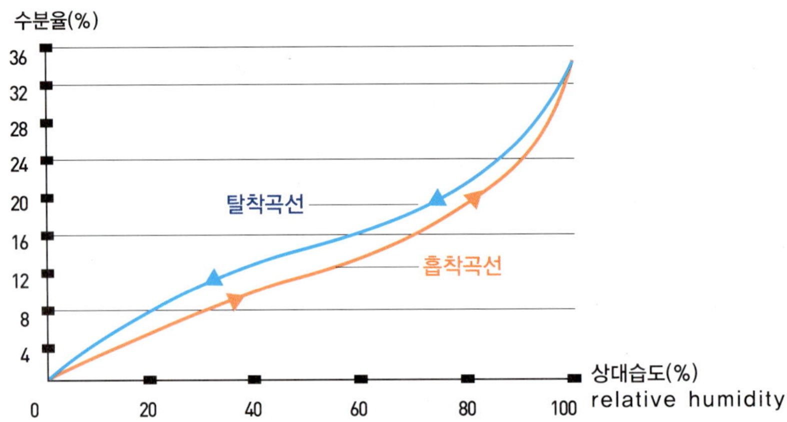

[양모의 수착 히스테리시스]

2) 모발의 팽윤성

팽윤(澎潤)이란 어떤 물체가 액체를 흡수하여 그 본질은 변화하지 않고 체적을 늘이는 현상을 말한다. 팽윤은 유한 팽윤 즉, 어느 정도 진행되면 더 이상 진행되지 않는 팽윤(예를 들어 모발)과 무한팽윤 즉, 제한 없이 진행되어 최후에는 용액이 되어버리는 팽윤(예를 들어 케라틴)으로 나눌 수 있다. 즉, 유한팽윤은 수분에 의해 부풀리는 힘과 모발의 화학적 결합으로 줄어들려고 힘이 균등해지면서 나타나고, 무한팽윤은 케라틴을 강산이나 강알칼리와 같은 약품에 처리하면 결국은 녹아버리게 된다. 모발의 팽윤은 온도에 비례, 처리하는 용액의 pH에 따라 차이가 있다.

즉, 등전점에서 낮고 산성과 알칼리성에서 높다. 모발을 물에 적셔두면 길이는 1~2% 길어지고, 두께는 12~15% 정도 두꺼워지며, 중량은 30~40% 증가한다. 이때는 길이의 변화보다는 직경의 변화가 더 크게 된다. 모발이 수중에서 팽윤평행에 달하는 데는 실온에서 15분 이상, 고온에서는 5분 이내의 시간이 걸린다. 모발을 공기 중에 방치하면 처음에는 급속히 감소되다가 속도가 저하 된다. 이것은 수분의 존재양식이 다르기 때문이다.

(1) 팽윤도

- 1차 팽윤도(기초팽윤도)는 모발 표면에 흡착되어 있는 수분을 원심 분리기로 제거하고 모피질 내의 수분의 무게를 측정하면 이것이 모발의 건조 중량에 비교하여 몇 %인가를 측정 한 것이다.
- 2차 팽윤도는 모발이 손상되어 다공성(多孔性, porosity)모로 되어 기초 팽윤도가 변화한 것으로 모발 손상을 측정하는 자료로 사용한다.

■ 모발의 흡수 포화량

미용시술 종류 / 팽윤도(%)	펌웨이브 시술 후 팽윤도	모발탈색 시술 후 팽윤도
1차 팽윤도(자연모)	28.6	28.6
2차 팽윤도(미용시술 처리모)	32.2	35.4

(2) 팽윤 평행

모발의 케라틴 화학구조는 긴 폴리펩티드 주쇄가 다수 모여 이루어지며, 주쇄끼리는 측쇄가 가교로 연결되어 있고 느슨한 그물 구조를 갖고 있다. 이 측쇄 결합 속의 수소결합은 물에 의해 절단되어 주쇄와 주쇄 사이가 넓어져 그물 구조가 부풀어져 간다. 그렇게 되면 그물상의 연결과 연결사이의 측쇄는 잡아 늘어진 형태가 되면 늘어진 측쇄는 기회가 있을 때마다 원래의 상태로 되돌아가려고 한다. 물이 흡수되어 늘어지려는 경향과 측쇄가 원래의 상태로 되돌아가려고 하는 경향이 만나는 지점이 평윤 팽행에 해당된다.

(3) 팽윤에 영향을 미치는 요인

결정영역의 주쇄는 짧은 측쇄로 강하게 연결되어 있으며 물에 영향이 적어 팽윤하지 않는다. 그러나 비결정영역의 주쇄는 기다란 측쇄로 느슨하게 연결되어 있어 물에 의해 주쇄의 간격이 넓어져 부풀려지기 쉬운 특징을 가지고 있다. 수직 방향의 팽윤은 미세한 섬유상 구조가 열개된 상태인 피브릴(fibril)에 의해 방해를 받아 수평 방향으로 팽윤 한다. 즉, 길이보다 두께가 더 많이 증가하는 이유는 이 때문이다. 팽윤에 영향을 미치는 구조상의 요인으로는 케라틴 분자의 분자량, 결정 영역의 양, 측쇄 결합의 수 등을 들 수 있다.

3) 모발의 열변성(熱變性)

모발의 열변성이란 열에 의해 모발이 변화되는 상태로 건열과 습열(濕熱)에 따라 다르게 된다. 모발은 단백질이기 때문에 높은 열에 의해 색과 구조가 변하게 되는데 습도가 높은 조건에서는 비교적 낮은 온도라도 손상이 더 쉽게 된다. 건열에서는 120℃ 전후로 팽창이 되고, 130~150℃에서 변색이 되며, 270~300℃가 되면 타서 분해되기 시작한다. 습열에서는 100℃전후에서 시스틴이 감소되며 130℃에서 케라틴 구조의 변형을 초래한다. 즉, 모발은 습열에서 더 많은 손상을 입게 된다. 또한 모발에 약품이 묻어있거나 샴푸시 잘 헹구지 않아서 세제가 모발에 남아 있을 때 열을 가하면 변성을 촉진시킨다. 보통 많이 하는 블로우 드라이(blow dry)인 경우 약 90℃전후에서 행해지나 압축식 아이론의 경우는 100℃가 훨씬 넘게 되므로 모발 손상과 모발의 변성에 많은 영향을 미치게 된다. 아이론과 드라이를 사용하는 경우 모발의 수분을 제거하고 사용하는 것이 손상을 줄일 수 있다.

■ 건열 상태

기계적인 강도는 80~100℃에서 약화되며, 120℃→ 팽윤, 130~150℃→ 변색 및 시스틴의 감소, 180℃→케라틴구조의 변형, 270~300℃→ 타서 분해 된다.

■ 습열 상태

100℃ →시스틴의 감소, 130℃ → 케라틴 구조의 변형을 가져온다.

4) 모발의 광변성(光變性)

모발의 광변성이란 태양광선을 쬐면 피부와 마찬가지로 모발도 변성을 일으키는 성질을 말한다. 이는 태양광선 중 파장이 가장 긴 적외선과 가장 짧은 자외선으로 적외선은 열선으로 모발에 강한 열을 발생시키고, 자외선은 모발의 시스틴 함량이 줄어들게 하고 멜라닌 색소를 파괴함으로써 모발의 탈색과 손상에 가장 큰 영향을 초래하게 된다. 해안 거주자들의 퍼머넌트 형성력이 낮고 쉽게 풀어지는 것은 자외선에 의한 모발 케라틴의 변성 때문이다.

5) 모발의 대전성(帶電性)

모발의 대전성이란 모발을 빗질하면 마찰에 의한 전기가 발생하게 되는 현상을 말한다. 이 때 모발은 (+)전하, 빗은 (−)전하를 띠고 (+)전하를 띤 모발들이 서로 반발하게 되어 정전기가 일어나게 된다. 이러한 마찰 전기가 모유두로 흘러들어 탈모의 원인이 되기도 한다. 정전기는 건조한 경우에 일어나기 쉬우며 특히, 겨울에는 정전기 방지제로 린스나 트리트먼트와 같은 제품을 도포하여 주는 것이 좋다.

6) 모발과 유지(油脂)

모발의 유지 흡수량은 유지의 종류에 따라 차이가 있는데 식물성 유지보다 광물성 유지 쪽이 많고 그 중 유동 파라핀이 가장 크다. 모피질은 친수성이지만 외표피는 친유성이기 때문에 유지의 흡수는 주로 모표피의 표면에서 행해진다. 화학 처리, 외부적 요인에 의해 모표피가 변성, 탈락, 손상된 경우 유지에 대한 친화성 감소 즉 ,흡수량이 감소한다. 모발의 유지에 대한 흡수율은 물에 대한 흡수율에 비해 적다.

■ 모발의 유지에 대한 흡수율

유지의 종류	올리브유	동백유	바세린	유동파라핀
흡수율(%)	3.18%	7.18%	8.76%	11.06%

모발에서 친유성 부분은 모표피 외측으로 모발 전체의 약 10% 이다. 거기에 비해 친수성 부분은 약 90% 정도를 차지하고 있다. 즉, 모표피가 어느 정도 친유성이라 해도 물의 흡수율에 비해 작다는 것을 추정 할 수 있다. 헤어트리트먼트의 경우 피질의 친수성을 이용해 O/W형, 모표피의 친유성을 이용해 W/O형의 화장품 사용하며 사용 목적에 따라 각각의 형을 선택할 필요가 있나.

7) 모발의 표면적 특성

모발 전체의 면적은 매우 커서 간단한 계산으로 20cm 길이(직경80mm)의 정상 모발이 6m2의 면적을 차지함을 알 수 있다. 한 가닥의 머리카락도 모근, 모중간, 모선의 부위에 따라 다양하다. 모근에서 모선 쪽으로 갈수록 약하고 가늘어지며 외부에 대한 저항력도 약해진다.

■ 모발 상태에 따른 수분 함량]

상 태	수분 함량	늘어나는 정도
보통 건조된 모발	5~10%	20~30%
젖은 모발	30%	50~60%
퍼머넌트약제로 젖은 모발	30%	30%

2. 모발의 역학적 특성

1) 모발의 강도와 신장도

신장도(身長度)란 모발이 늘어난 비율(%)을 말하며 강도(强度)란 절단시 무거움을 견디는 힘을 말한다. 온도와 습도에 따라 수치의 차이가 크므로 온도 25℃, 습도 65%를 표준으로 하여 측정한다. 개인의 체질과 건강 상태, 모발의 손상 정도, 당긴 속도 등에 따라서 크게 다르기 때문에 측정치는 측정자에 따라 다양한 것을 알 수 있다. 평균 수치를 보면 건강모일 경우 신장률 40~50%, 강도는 140~150g, 물에 젖은 모발일 경우 신장률 60~70%, 강도는 90~100g정도이다. 즉, 젖은 모발이 건조한 상태의 모발보다 신장률은 높지만 강도는 훨씬 떨어지는 것을 볼 수 있다.

■ 모발 형태에 따른 강도와 신장도

상 태	수분 함량	늘어나는 정도
건강모	40 ~ 50%	140 ~ 150g
물에 젖은 모발	60 ~ 70%	90 ~ 100g

2) 모발의 탄력성과 가소성

모든 물체는 외력(外力)에 의해 변형을 받으면 그 물체 내부에서 외력에 대한 저항이 생겨 원래의 상내로 되돌아가려는 힘이 생긴다. 즉, 건강한 모발 한 가닥을 잡아당겨 보면 비교적 저항력이 있으며 약간 강하게 잡아당기면 늘어나기 시작하면서 다시 되돌아가려는 힘의 움직임이 생기는데 이를 탄력성이라 한다. 외부의 힘에 의해 변형된 물체가 그 힘을 없애면 본래의 형태로 되돌아가는 힘의 범위를 말하며 탄성한도라고도 한다. 외부의 힘을 받아 생긴 변형이 탄성한계를 넘어서면 외부의 힘을 없애더라도 완전히 본래 상태로 되돌아가지 않고 변형된 상태로 남게 되는데 이를 소성변형이라고 한다.

■ 고무 탄성

고무와 같이 작은 힘으로 잘 늘어나고 힘을 제거하면 원래의 길이로 되돌아가는 현상이다.

■ 결정 탄성

스프링과 같이 비교적 큰 힘에서 작게 늘어나고 힘을 제거하면 원래의 길이로 가는 현상이다.

모발의 탄력성과 가소성은 다양한 미용 시술에 활용되는데 퍼머넌트 웨이브 1제 침투모에서는 약간의 힘으로 쉽게 늘어나고 고무탄성이 증가한다. 건조모는 가소성이 있으나 습윤모와 퍼머넌트 웨이브 1제 투여모는 가소성은 거의 없고 탄력성은 매우 크다. 즉, 물과 퍼머넌트 웨이브 1제는 측쇄결합을 절단해서 케라틴 분자를 연화시키며 고무탄성을 크게 해서 탄성한계를 끌어내린다. 이로써 소성변형이 쉽게 일어나게 하는 윤활제와 같은 작용을 하게 된다.

3) 무게신장곡선

모발을 당겨서 늘어나는 순간부터 끊어지는 순간까지의 변화를 나타낸 곡선으로 종(縱) 축에는 무게, 횡(橫) 축에는 신장률을 잡고 각 신장률의 무게를 차례로 그래프에 기입하고 여러 개의 점을 선으로 연결한다. 하중신장곡선 또는 스트레스-스트라인 곡선이라 한다. 모발의 신장방향은 3단계로 분류 가능하다. 처음에는 모발이 신장하기 어렵고 일정한 A점까지만 신장(융기점)하다가 그 후에 어느 정도까지 늘어나면 급하게 신장되기 쉬운 B지점(post 융기점), 또 그 후 신장이 어렵게 되는 C점(파단점)에서 모발이 절단된다. 신장률은 건조모 〈 습윤모 〈 퍼머넌트웨이브 1제 처리모의 순으로 커지고 습도와 온도가 높을수록 모발이 쉽게 늘어나 신장률이 커진다.

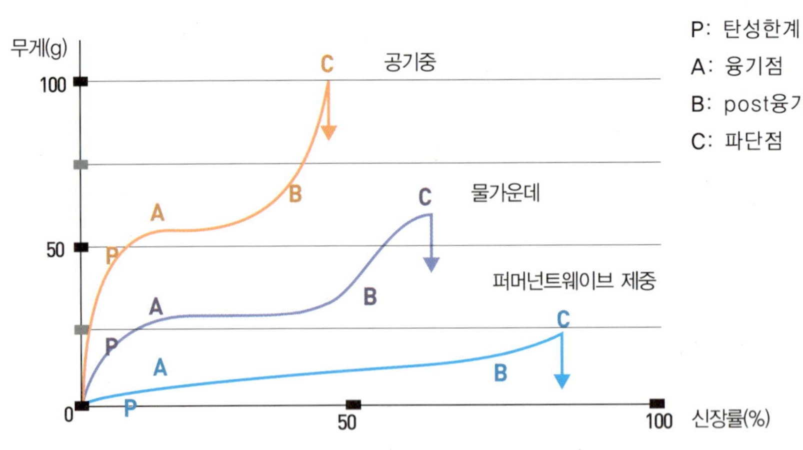

[모발의 무게신장곡선]

3. 모발의 물리적 · 역학적 특성과 미용

모발은 구부렸다가 손을 떼면 바로 원래의 형태로 되돌아가는데 이처럼 모발이 원래의 상태를 유지하려는 것으로서 탄성 때문이다. 따라서 모발에 여러 가지 물리 화학적 처리를 해서 일시적으로 탄성을 약하게 하여 부드럽게 한 후, 다시 원래대로 회복시켜서 변형을 고정(가소성)하게 되면 헤어세트의 상태가 된다. 이러한 모발의 세트(set)의 변화에는 측쇄결합의 절단과 재결합이 크게 관계하고 있으며, 다음과 같이 분류할 수 있다.

Chapter 5

1) 응집 세트(Water set)

모발을 물에 적시어 자연적으로 건조시키면 얻을 수 있는 모발 웨이브로 물과 공기 중의 수증기에서 쉽게 풀린다. 이 세트(set)는 물에 의한 수소결합의 절단과 건조에 의해 재결합이 수원인이지만 수소결합 가운데는 물만으로 간단하게 절단되는 것과 절단되지 않는 것도 있다. 이 응집세트는 물에 의해 쉽게 절단되는 수소결합의 절단과 재결합에 힘이 약한 세트밖에 할 수 없으며 의류의 주름, 모발의 잠버릇 등도 이 응집세트와 유사한 현상이다.

2) 일시적 세트(Temporary set)

물과 열의 작용에 의해 얻어지는 세트로 고정력은 응집세트보다는 강하지만 수분에 의해 웨이브의 형태가 소멸하는 것은 응집세트의 원리와 같다. 미용실에서 행해지는 블로우 드라이(blow dry)와 세팅(setting)이 여기에 속한다. 즉, 수분이 적셔진 모발에 적당한 텐션으로 롤(roll)를 이용하여 모발을 말거나 블로우 드라이(blow dry)로 모양을 만든 후 열을 식힘으로써 일시적인 모발 형태를 잡는 것이다. 친수성 섬유인 모(毛)나 목면(木棉), 실크와 같은 바지와 스커트의 접힌 쪽에 주름을 잡거나 늘이거나 할 때 수분을 주어 다듬질을 하는 것도 일시적인 세트와 동일한 이론이다. 그러나 소수성(疏水性) 섬유인 나일론이나 합성섬유는 수분을 필요로 하지 않고 열만으로 세트되는 열가소성(熱可塑性)의 특징을 지니고 있다. 따라서 열을 가하지 않는 한 주름이 펴지기는 어렵게 되며 세탁을 해도 주름이 사라지지 않게 된다.

3) 퍼머넌트 세트(Permanent set)

일시적인 세트에서 절단되지 않았던 측쇄 결합을 절단하여 재결합한 세트로 거의 영구적인 웨이브를 말한다. 장시간 고온의 수증기에서 처리하거나 가교절단제를 사용하여 단시간 내에 처리할 수 있다. 예를 들어 알칼리제와 같은 화학적 약품을 이용하여 원래 모발 상태의 결합이 아닌 새로운 결합으로 안정적인 세트가 생겨난다. 즉, 일시적인 세트처럼 수분에 의해 쉽게 변화되는 것이 아니라 샴푸를 하더라도 오랫동안 안정되게 유지될 수 있는 결합인 것이다. 미용실에서의 곱슬 모발 교정이라든가 알칼리와 시스틴 결합의 절단제를 더한 것으로 처리하는 방법이 퍼머넌트 웨이브 같은 것이 여기에 속한다고 할 수 있다.

Chapter 6 모발의 손상

1. 모발 손상 원인
2. 모발 손상 진단
3. 모발손상을 예방하는 방법

1. 모발 손상 원인

사람의 건강이나 영양상태가 모발이 발생될 당시에 비해 좋아지거나 나빠진 결과가 그대로 모발에 반영되어 외관상으로 나타난다. 모간은 피부바깥으로 자라나 있어 각종 유해환경이나 외부자극에 노출됨으로 인해 변형 또는 변질 돼 모발의 손상을 가져올 수 있다. 가장 흔히 나타나는 모발손상 원인은 염색이나, 탈색 퍼머넌트 웨이브와 같은 화학제를 이용한 미용시술을 들 수 있지만 이 외에도 손상원인은 다양하다. 디자이너가 우수한 기술과 약제를 가지고 있어도 모발자체가 한계점을 넘어설 정도로 손상되어 있다면 헤어스타일링을 함에 있어 좋은 결과를 기대하기 어렵다.

1) 영양소 결핍에 의한 손상

모발이 만들어지기 위해서는 단백질원을 섭취해야 한다. 특히, 모발에 직접적인 영향을 주는 아미노산 종류를 함유한 단백질(대두, 멸치, 어류, 우유, 고기, 계란) 등을 균형 있게 섭취하는 것이 중요하다. 뿐만 아니라 단백질이 아미노산으로 분해되어 모모세포에 흡수되기까지 도와주는 영양소(비타민, 미네랄 등)의 섭취가 중요하다. 이러한 물질 대사에 관여하는 영양소를 다량 함유한 야채 등을 많이 섭취하는 것이 좋다. 비타민A, D는 피부를 강하게 하여 비듬과 탈모를 막아주고, 탈모 후 모발 재생에 대해 효과가 있다. 또한 리놀산을 함유한 식물성 기름은 모발에 광택을 주며 낙화생, 참깨, 사라다유 등에 포함되어 있다. 한편 각종 호르몬도 모발의 성장과 멜라닌 색소 합성에 관여한다. 호르몬과 관련된 질환이나 과도한 스트레스로 인해 호르몬의 분비가 약화되거나 억제되는 모발 손상을 유발한다. 해조류에는 철(Fe), 요오드(I), 칼슘(Ca)이 다량으로 함유되어 있는데 특히, 요오드(I)는 갑상샘 호르몬의 원료로 갑상샘 호르몬의 분비를 촉진시켜 모발 성장을 도와준다. 결국 영양분 결핍이나 불균형을 초래하는 심한 편식이나 다이어트, 알코올, 정제된 탄수화물 등 부적절한 식습관을 가지지 않는 것이 중요하다.

2) 물리적 원인에 의한 손상

(1) 열에 의한 손상

헤어드라이어와 전기아이론, 전기세팅기 등 열기구를 사용하여 적정 온도 이상을 모발에 가하면 모발 손상이 일어나게 된다. 헤어드라이어의 경우, 바람이 나오는 출구 방향에 모발을 밀착시켜 사용하면 모발이 건조해지고 피지 분비를 방해하여 비듬이 생길 수 있으므로 약간 거리를 두고 사용하고 온도는 90℃ 전후가 적당하다. 전기 아이론은 가장 뜨거운 열을 사용하므로 신속한 동작으로 모발에 닿는 시간을 적절하게 조절하고 온도는 180℃ 전후가 적당하며 250℃ 전후에서 약 1분간 사용하면 모표피가 녹게 된다. 전기 세팅기는 모발이 마른 상태에서 강한 열을 가하므로 시술 전에 손상을 최소화할 수 있는 제품을 사용하여 사전 처리를 해주는 것이 중요하며 온도는 130~140℃가 적당하다.

Chapter 6

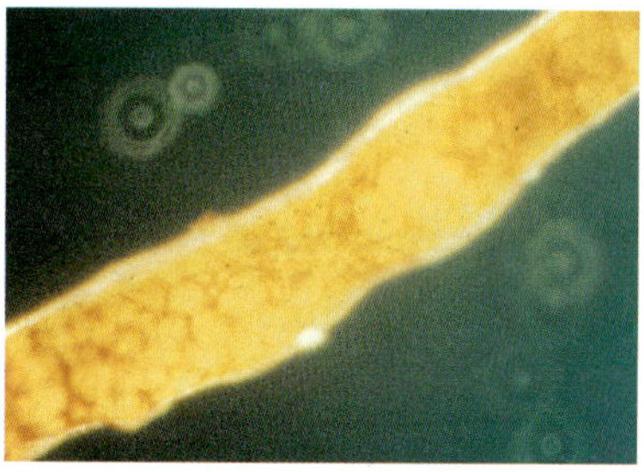

[열에 의한 손상]

(2) 마찰에 의한 손상

모발의 가장 바깥에 위치한 모표피층은 비늘 모양의 단단한 케라틴(keratin) 단백질이 5~15겹으로 모간 쪽으로 겹겹이 쌓여 있어서 외부의 자극에 충분히 견디어 낼 수 있다.

하지만 일상에서 빈번하게 일어나는 샴푸, 타월드라이, 브러싱, 빗질 등에 의해 강한 자극을 받게 되면 모발 사이의 마찰이 생겨서 모표피층이 손상을 입게 된다. 무리하게 빗질하는 것을 피하고 브러싱 전에는 반드시 브러싱제를 사용하여 모표피에 얇은 피막(capsule)을 만들어 브러시와의 마찰을 감소시키는 것이 중요하다.

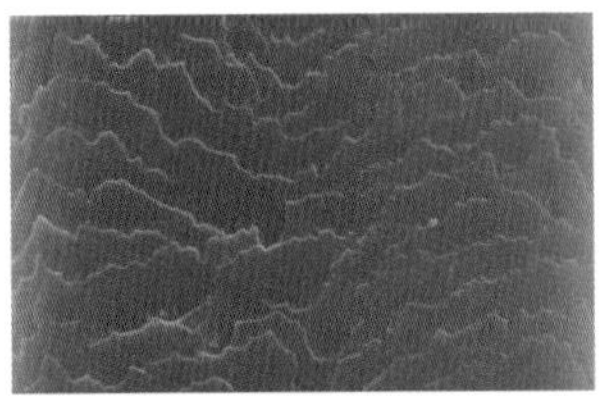

[마찰에 의한 손상-가벼움]

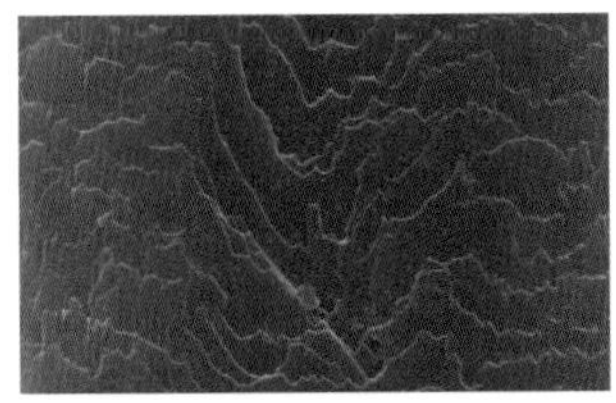

[마찰에 의한 손상-심함]

(3) 잘못된 커트(Cut)에 의한 손상

심하게 건조한 모발을 컷트하거나 테이퍼링(tapering), 스트록 컷(stroke cut), 슬라이싱(slicing) 등의 테크닉을 사용한 경우나 날이 날카롭지 못한 가위로 커트를 하거나 커트 기술이 미숙하여 모표피를 깎아 버리는 경우, 커트한 자리와 손상된 자리로부터 모피질의 수분이 증발하거나 약제가 침투하기 쉽게 되어 기모와 분열모가 쉽게 발생한다. 잘 드는 가위를 사용하고 모발의 절단면을 트리트먼트 등으로 보호할 필요가 있다.

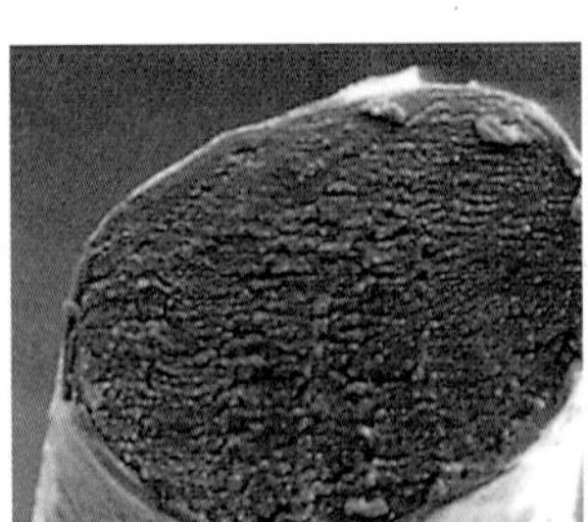

[커트 시 모발]

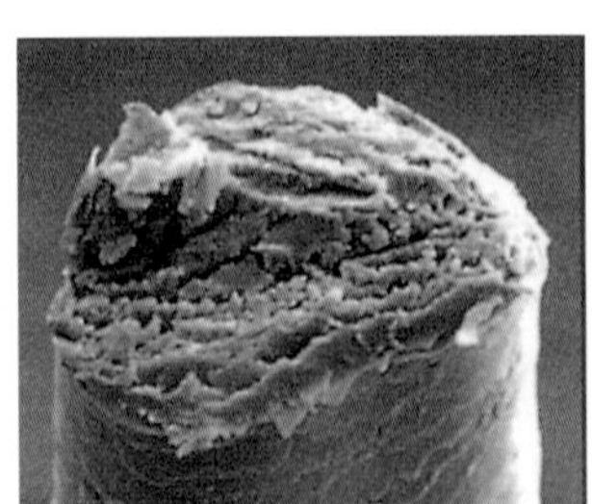

[커트에 의한 손상]

3) 화학적 원인에 의한 손상

모발의 화학적 손상은 퍼머, 염색, 탈색을 하는 과정에서 발생한다.

(1) 퍼머넌트 약품에 의한 손상

퍼머넌트 약품의 처리시간, 방법, 온도 등의 처리 미숙 때문에 모발 손상이 일어나게 된다. 2욕식 콜드(cold)의 퍼머넌트 웨이브(permanent wave)제를 가온기 등을 사용하여 시술하거나 모발 질에 대한 약제의 선정을 잘못했을 경우에는 1제가 모발에 대해서 과잉하게 반응하게 된다. 또한 제2제의 처리 불량, 방치 시간 부족 등이 생기면 모발이 1제로 환원된 과정 그대로 있으므로 모발이 약하게 되어 손상으로까지 연결된다. 로드 제거 후 모발에 대한 애시드 린스(acid rinse) 처리가 불충분 하여 모발 중에 알칼리가 잔류하거나 산화제가 남아있게 되면 케라틴(keratin) 단백질의 변성과 멜라닌 색소의 퇴색을 일으키게 된다.

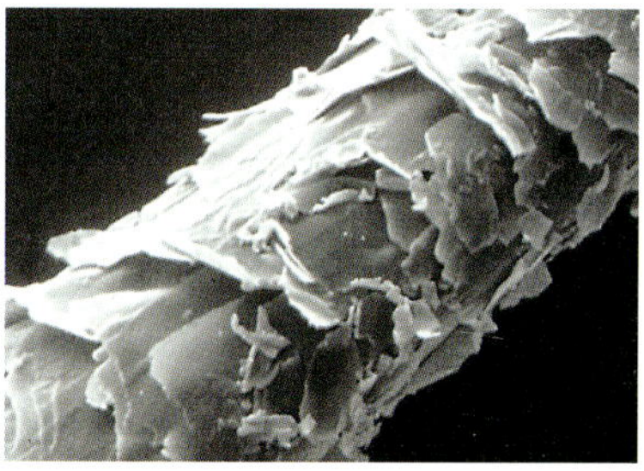

[퍼머넌트 약품에 의한 손상]

(2) 염 · 탈색에 의한 손상

염 · 탈색은 모발 손상을 일으키는 가장 큰 이유이다. 염 · 탈색제의 알칼리제는 모발의 결합력을 약화시키고 그 외에도 멜라닌 색소의 산화로 인한 탈색 작용을 일으키는 과산화수소를 함유하고 있기 때문이다. 또 염모제의 성분이 피부 단백질과 결합해

항원이 되어 체내에서 항체를 만들기 때문에 사람의 체질에 따라 알레르기 반응을 유발할 수 있으며, 심한 경우 탈모를 동반할 수도 있다. 잦은 탈 · 염색으로 인해 모발의 팽윤(澎潤), 연화(軟化)가 반복되거나 모표피가 비틀려 구부러지는 현상이 발생할 수 있다.

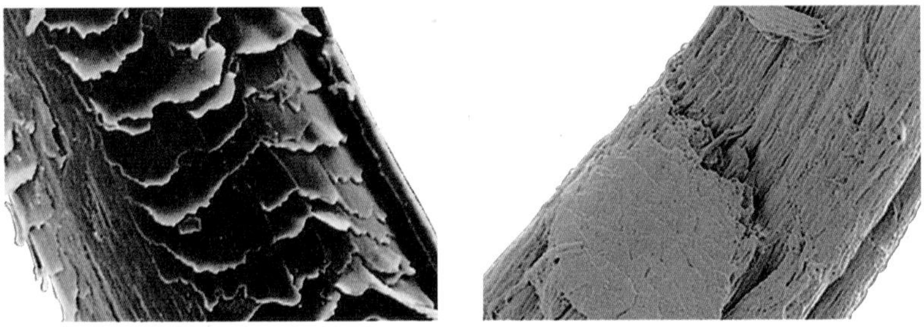

[염색 · 탈색에 의한 손상]

4) 태양 광선에 의한 손상

태양 광선은 파장의 길이에 따라서 적외선(赤外線), 가시광선(可視光線), 자외선(紫外線)의 세 가지로 구별된다. 이 중에서 모발에 영향을 주는 것은 적외선과 자외선이다. 적외선은 열선(熱線)이라 불리며 물체에 닿으면 열을 발생시키고 이 열에 의해 모발의 케라틴(keratin) 단백질이 손상을 입게 된다. 자외선은 화학선(化學線)이라 불리며 직접 열을 느낄 수 없지만 바다, 산 등에서 피부가 타는 것은 이 자외선의 영향이다. 자외선에 의해 모발은 건조해지고 거칠어지고 윤기가 없어지고 색이 바래지고 잘 부러지는 등 손상을 입게 된다. 보다 강한 자외선은 단백질 변성을 일으킬 수 있다. 모발의 모표피에서 시작된 손상은 모피질에 영향을 미치고 모발의 멜라닌 색소가 산화 반응을 일으켜 탈색이 나타날 수 있다. 그래서 최근에는 자외선 차단 기능을 갖춘 샴푸, 컨디셔너, 스타일링제 등 헤어제품이 시중에 출시되고 있다.

5) 생활환경(生活環境)적인 요소에 의한 손상

모발에 영향을 주는 생활환경적인 요소 중에서 특히 자동차 배기가스에서 나온 유황산 화합물(SO_2, SO_3), 질소산화물(NO, NO_2) 등이 모발에 부착되어 일으키는 화학적 손상이 심각하다. 뿐만 아니라 대기 중의 티끌, 먼지 등에 의한 모표피의 물리적 손상을 일으킬 수 있다. 또는 수영장의 소독 약품에 자주 노출되거나 바닷가의 해풍(海風)이나 해수(海水)에 모발이 노출되었거나 스프레이나 무스 등 헤어 스타일링제 등의 사용으로 불결한 상태가 지속되는 경우에 모발이 손상된다.

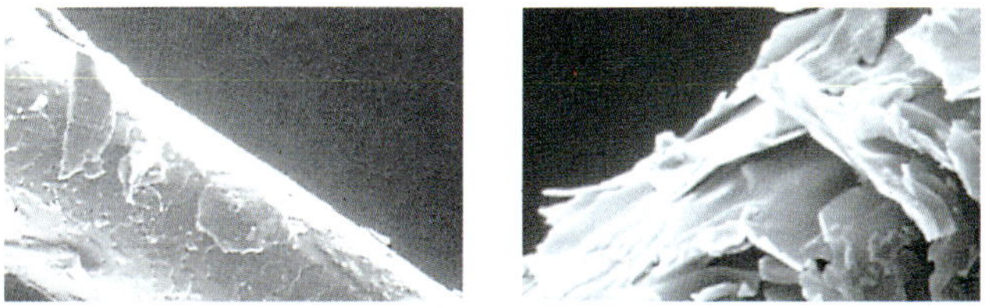

[대기 중의 먼지, 분진 등이 붙은 모발]

Chapter 6

6) 모발 손상 정도

(1) 모발 외부의 손상

물리적인 자극으로 모표피의 손상으로 모표피의 박리 · 소실, 모표피의 주름, 지모, 단모, 열모 등 모발의 외관이 단단히 닫혀 있지 않고 열려 있는 상태이다. 모표피의 치명적 손상으로 모피질의 이차적 재손실이 우려되며 모발 손상의 척도가 되는 곳이다. 모발의 광택이나 촉감 등에 직접적인 영향을 부여한다.

(2) 모발 내부의 손상

모피질 내의 케라틴 성분이 외부의 물리적 · 화학적 변화에 의해 섬유질 결합이 풀리거나 천연보습인자와 간충 물질이 소실된 상태이다. 즉 푸석푸석한 건조 모발로 잦은 염 · 탈색이나 퍼머넌트 웨이브로 손상된 모발에서 자주 볼 수 있다. 모간에 여러 개의 구멍이나 공간이 생긴 손상모로 다공성모라 하며 탄력성이 저하된다.

모발손상의 변화	종류 및 모양
형태적 변화	모발 표피의 흐트러짐, 모표피의 박리, 모수질의 노출, 열모, 지모, 단모, 모발의 광택이 없음, 모발의 뻣뻣한 촉감 등
물리적 변화	수 · 유분 흡수력의 상승 및 저하, 보습력의 저하, 강도의 저하, 신축성의 변화, 탄력성 · 유연성의 저하
화학적 변화	간층물질의 유실에 의한 다공성 모발, 시스틴 함량의 저하, 케라틴 구조의 약화로 인한 모발의 탄력성 저하 등

2. 모발 손상 진단

고객을 상대로 미용 기술을 시술하기에 앞서 모발의 상태를 과학적인 방법으로 분석할 필요가 있다. 일반적으로 배율 300~700배의 광학 현미경을 사용한다. 하지만 전자 현미경으로 질적인 손상을 확인하기에는 한계가 있으므로 고객과의 대화를 통한 문진(問診), 외관상 눈으로 보고 판단하는 시진(視診), 손가락으로 만져서 느끼는 촉진(觸診) 등의 방법도 사용한다. 그러나 이러한 방법은 주관적이기 때문에 보다 정확하고 객관적인 방법이 필요할 경우에는 각종 기기를 사용하는 것이 좋다.

1) 현미경 검사

(1) 모근의 검사

모근의 형태에서 생리적 탈모(정상)인지, 병적 탈모(이상)인지 식별이 가능하다. 또한 병적 탈모증의 진단도 가능하다.

(2) 모간 표면의 검사

모표피의 문리를 잘 관찰하여 모발의 건강 상태나 손상의 강도 등을 추정하는 것이 가능하다.

2) 화학적 검사

(1) 색소와 금속염의 흡착량 측정

모발의 색소나 유산동의 수용액에 침전했을 때의 흡착량을 측정, 손상 정도가 많을수록 색소나 금속염의 흡착량이 많아진다.

(2) 알칼리 용해도 측정

건강한 모발을 알칼리 용액(수산화나트륨 0.4 %)에 약 30분 동안 침전한 후에 따뜻한 물로 씻고 무게를 측정하면 처음 무게의 약 3% 정도 용해되어 중량이 감소되어 있다. 모발의 손상이 클수록 알칼리에 대한 저항력이 없어지므로 용해도가 증가하고 중량이 감소한다.

(3) 아미노산 분석에 의한 측정

모발을 가수분해하여 아미노산 조성 변화를 분석해보면 손상이 심할수록 시스틴의 함유량은 감소하고 시스테인 산은 증가한다.

(4) 케라틴의 용출량 측정

모표피를 구성하고 있는 케라틴과 피질세포의 케라틴 성질이 변한다. 손상이 심할수록 용출량은 증가한다.

3) 물리적 검사

(1) 두께

모발 단면에는 원형이 적고 대부분이 타원형이다. 모발의 단경과 장경을 이용해 모경 지수를 산출, 모발의 강도, 축모 등을 확인한다.

(2) 신축성과 강도

텐션 메타(tension meta)를 이용해 측정, 정상모는 신축도 40~50%, 인장강도 140~160g으로 손상모는 신축도와 강도가 저하된다.

(3) 흡수율

모발을 물에 담근 후 중량을 측정하는 방법으로 정상모의 흡수량은 35%이지만 손상 정도에 따라 커진다. 일정 온도와 습도를 유지하고 모발을 일정 시간동안 수분에 침전시킨 후 원심분리시켜 수분을 제거하고 모발 내 흡수된 수분의 중량을 측정함으로서 손상도를 확인할 수 있다.

(4) 수분 함유량

아쿠오우스 체크(aqueous check), 카를 피셔(karl Fischer)등의 기계를 사용하여 측정, 정상모의 수분 함유량은 1~13%로 손상이 클수록 수분 보유 능력이 저하되어 빨리 건조한다.

4) 모발 진단의 실제

실무적인 모발진단을 할 때는 모발의 여러 가지 성질을 문진법, 시진법, 촉진법의 관점에서 다양하게 살펴보아야 한다. 먼저 머릿결을 전체적으로 확인하며 모발 손상 여부를 확인한다.

(1) 문진

고객과의 직접적인 질문과 대답을 통해 지금까지의 병력, 치유법, 생활 환경 등 모발 진료 카드를 작성하여 보관한다.

(2) 시진

두피나 모발의 건강 상태를 육안으로 자세하게 검사한다.

(3) 촉진

두피나 모발의 건강 상태를 손으로 직접 만져보면서 손상 정도를 추정한다.

(4) 현미경 검사

모근 검사와 모간 표면의 검사를 통해 모발의 건강 상태나 손상 강도 등을 추정하고, 병적 탈모증을 진단한다.

3. 모발손상을 예방하는 방법

한번 손상된 모발 그 자체로는 회복능력이 없다. 그렇기 때문에 모발이 손상되지 않도록 관리하는 것이 무엇보다 중요하다. 그러나 자신의 모발에 맞는 치료를 꾸준히 하면 좋은 결과를 얻을 수 있다. 모발 손상을 크게 보면 모발 속의 단백질인 케라틴의 조성이 변하는 것인데, 케라틴의 주성분은 아미노산이다.

아미노산 중에도 케라틴의 성질을 좌우하는 가장 중요한 아미노산이 시스틴이다. 모표피에 이상이 생기는 것은 이 시스틴의 함량에 변화가 생기기 때문이다. 모발은 균일한 케라틴으로 되어 있는 것이 아니고 부분에 따라 다소 차이가 있다. 즉 모표피를 구성하고 있는 케라틴과 피질세포의 케라틴의 성질이 변한다는 것이다.

모표피의 케라틴은 딱딱하고 내약품성도 있어 시스틴 함유량이 훨씬 많고, 회분(무기질)도 많은 대신에 알기닌과 티로신 등의 아미노산은 적고, 유분에 대한 친화성(흡착력)을 갖고 있다. 이에 반해 피질세포는 훨씬 부드러운 케라틴으로 시스틴이 적은 친수성이다. 결국 그 비율로 모발이 약품에 대한 저항성이나 경연, 흡수성 등의 차이가 나는 것이다.

이러한 성분적인 차이가 모발의 탄력, 흡수성, 화학약품에 대한 저항력 등의 차이를 가져오고, 모발의 굵기, 모수질의 유무(가는모에는 모수질이 군데군데 빠져 있거나 전혀 없는 것도 있다)도 영향을 미친다. 또 모표피의 겹의 중첩도에도 개인차가 상당히 크다. 피지 분비의 많고 적음에 따라 모발의 지성, 건성에 영향을 미치고 이런 모든 인자가 모발의 성질을 좌우하고 있는 것을 생각하면 모질이 천차만별인 것은 당연한 것으로 여겨진다. 이외에 후천적인 요인에 의한 모발의 손상을 생각할 필요가 있다. 모발의 손상을 예방하기 위해서는 시술시 약품선택과 시술 기법을 충분히 고려해야 한다.

Chapter 7 탈모 및 두피질환

1. 탈모의 정의
2. 탈모의 원인과 증상
3. 탈모의 분류
4. 비듬

1. 탈모의 정의

모발은 보통 정상적인 경우 동양인은 약 12만 개 전후이고 서양인은 약 10만 개 전후이다. 그 가운데 84%가 성장기이고 2%가 쇠퇴기이고 14%가 휴지기이다. 모발이 빠진다고 하는 것은 모유두에 있는 모모세포가 분열 증식하는 것을 중지하였기 때문에 일어나는 현상이다. 건강한 모발의 경우 성장주기를 유지하고 있어도 휴지기의 모발은 하루 15~200개 정도 빠지고 빠진 자리에는 새로운 모발이 형성되어 자란다. 하지만 모주기와 관계없이 비정상적으로 털이 많이 빠지거나 모발이 있어야 할 부위에 없거나 빈약한 상태가 지속될 경우를 탈모증이라고 말한다. 이러한 탈모 중에는 비교적 짧은 상태에서 빠지는 모발이 많을 경우가 있는데 주의를 요구한다.

모발은 나이, 계절, 인종, 생리적 요인, 스트레스, 질환 등의 여러 요인의 영향을 받으며 하루에 보통 50~100개 정도의 정상적인 '퇴행기 탈모'가 일어난다. 보통 모발의 성장 속도는 더울 때 가장 빠르며 추울 때 가장 늦다. 그리고 탈모는 봄, 여름보다 가을, 겨울에 더 많이 일어난다. 모발의 성장은 보통 15~30세 사이에 가장 활발하며 40~50세에 이르면 점전적으로 퇴보한다. 그리고 50세 이상이 되면 노화에 의한 자연스런 탈모가 일어나기 시작하여 70세 이후부터 탈모가 빨라진다. 그리고 탈모는 명백한 증세나 병명이 있는 경우도 있지만 명백한 병명이 없고 객관적으로 탈모 모발수를 세어보거나 모발 모양을 관찰하지 않고 증세를 호소하는 경우가 많다. 탈모 증세를 보면 모발이 가늘어져 있거나 짧아진 경우 또는 쉽게 부러지고 끊어지는 현상을 야기할 때도 있는데 이때에는 모발 수에는 변화가 없는 경우도 많다. 그러므로 탈모 증세가 있을 때는 모발 상태를 정확하게 진찰 평가하고 신체적 · 정신적 건강 상태를 전반적으로 파악하는 것이 중요하다.

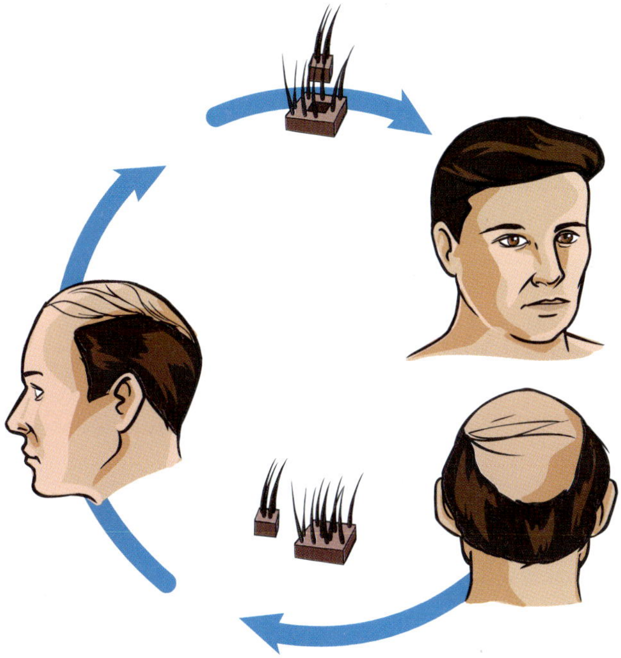

2. 탈모의 원인과 증상

1) 탈모의 원인

탈모의 원인은 여러 가지가 있고 사람마다 양상이 다르고 원인도 개인마다 다르다.

(1) 유전(Heredity)

탈모증은 특히 남자인 경우 그 유전력이 매우 강하므로 남성을 통해서는 우성으로, 여성을 통해서는 열성으로 유전된다. 부모 중 한쪽만 탈모된 경우라도 남성은 탈모 확률이 매우 높지만 여성은 양친 모두 유전자를 가지고 있는 경우 나타날 수 있지만 매우 희박하다. 여기서 중요한 것은 탈모증을 야기하는 체질 및 형태이지 그 자체가 아니라는 점이다. 그러므로 자기가 유전자를 가지고 있더라도 그 증상이 나타나지 않게 항상 두발의 컨디션에 주의하고 전문 관리를 통해 피부 세포 등을 활성화해 나가는 노력을 한다면 탈모증을 예방 · 개선할 수 있다.

(2) 혈액 순환 장애(Blood circulation disturbance)

우리 몸의 산소와 영양분의 통로이자 노폐물의 배출로인 혈행이 좋지 못하면 모근의 에너지 대사가 원활하지 않아 탈모를 가속시키고, 두피 압박에 의해 두피의 혈액순환이 되지 않아 모근에 충분한 영양을 공급하지 못해 탈모를 유발시킬 수 있다.

(3) 영양 결핍(Malnutrtion)

심한 다이어트나 편식으로 인해 영양 상태가 부족하면 모발에 충분한 영양분을 제공하지 못하여 탈모가 된다. 또한 술과 담배는 혈관을 수축시키고 모발에 지속적인 빈혈 상태를 제공하여 탈모가 된다.

(4) 질병(Disease)

뇌하수체 기능저하 또는 갑상샘 질환 등 호르몬의 이상이나 자가 면역 질환에 의해 원형 탈모증을 유발하기도 한다.

(5) 발열(Pyrexia)

내인성, 혹은 세균 감염, 갑상샘 질환이나 약물 복용에 의한 발열로 모근의 손상으로 탈모가 유발된다.

(6) 비듬(Dandruff)

남성 호르몬이 피지선을 비대 시켜 피지 분비를 증가시키고 비듬이 피지와 혼합되어 지루성이 되고 모공을 막으면 모근에 영양 공급이 어려워져 모근이 위축되고 머리카락이 가늘어지면서 탈모가 유발된다.

(7) 환경(Environment)

지방질 위주의 식습관이나 과도한 음주, 흡연 등으로 모근의 영양 공급을 억제하고 과다한 피지 분비로 세균 번식이 용이하게 되며, 잦은 퍼머넌트 · 염색 · 드라이 등 화학 약품과 공해는 두피를 오염시키고 모근을 위축시켜 탈모를 유발시킨다.

(8) 스트레스(Stress)

복잡한 현대는 과중한 업무 스트레스와 심리적 원인으로 탈모를 가중시키는데 육체노동자보다는 정신노동자에게 더 많이 발생되며 후진국보다는 선진국이 탈모수가 많고 젊은 사람들에게서도 많이 증가하는 추세이다.

(9) 빈혈(Anemia)

영양 결핍과 혈행 장애 등과 마찬가지로 영양 공급의 역할을 하는 혈액이 부족하면 탈모를 유발시키며 특히 여성에게 많이 나타난다.

Chapter 7

(10) 호르몬(Hormone)

모발과 관계가 있는 것은 뇌하수체, 갑상샘, 부신겉질, 성선 등에서 분비되는 호르몬이다. 갑상샘 호르몬은 모발의 발육에 밀접한 관련이 있다. 갑상샘 기능이 약화되면 모발은 유연하며 가늘어지고 퇴화한다. 거꾸로 갑상샘의 기능이 촉진되면 발육이 양호하게 된다. 그러나 지나치게 촉진되면 탈모가 일어날 수도 있다. 사람의 체모는 남성 호르몬과 관계되어 있지만 모발은 여성 호르몬과 관계되어 있기 때문에 이것이 부족하면 세포의 작용이 약해진다. 남성 호르몬인 안드로겐 수용체의 지나친 분비로 인해서 탈모가 발생한다.

남성 호르몬	남성 호르몬은 피지 분비를 촉진하므로 지루성으로 되기 쉽고 과잉 피지가 모근을 해쳐서 지루성 탈모의 원인이 된다.
여성 호르몬	여성으로서 체모가 많아지거나 수염이 나는 것은 부신 겉질(피질)의 기능 촉진에서 오는 것이라 볼 수 있다.

2) 탈모의 증상

탈모가 진행되면 나타나는 전조 증상이 있는데, 이와 같은 증상이 있을 시 탈모를 의심해 볼 필요가 있다. 반드시 머리를 매일 감아 청결히 하고 탈모의 원인을 전문 관리를 통해 근본적으로 해결해야 탈모를 예방·개선할 수 있다.

(1) 두피가 건조해진다.

적절한 양의 피지 분비는 두피 표면을 보호하고 모발결도 윤택하게 해준다. 그러나 두피에 문제가 생기면서 적정량의 피지 공급이 되지 않는 경우 두피가 건조하게 된다.

(2) 두피가 가렵다.

여러 가지 원인이 있다. 세정을 철저히 하지 않거나 머리 감는 횟수가 두피 상태에 적절치 않고 스트레스 등으로 인해 일시적으로 각질 분비가 늘어나거나 무스, 젤, 헤어스프레이와 같은 헤어 제품을 과다 사용할 시 발생할 수 있다.

(3) 두피에 피지와 노폐물이 증가한다.

두피에 노폐물과 피지가 증가하면 피지를 만들어 내는 피지선이 항진되어 규칙적으로 머리를 감아도 예전보다 더 빨리 두피에 피지가 생기는 것을 느낄 수 있다. 다음과 같은 사항들을 체크해보자.

① 빠지는 모발량이 점점 늘어나고 줄지 않는다.
② 빠지는 모발량은 사실 일정량이 빠지게 되면 큰 문제는 되지 않으나, 갑자기 또는 서서히 늘어나서 줄지 않거나 정상대로 돌아오지 않는다.
③ 빠진 모발의 굵기가 비슷하지 않고 가는 모발량이 점점 증가한다.
④ 양 이마라인이 점점 약해지기 시작한다.
⑤ 유난히 정수리 부분의 머리카락이 많이 빠지기 시작한다.
⑥ 몇 달 정도 가렵다가 눈에 띄게 탈모 정도가 악화되면서 확대된다.
⑦ 갑자기 비듬량이 늘어난다.

휴지기성 탈모증	성장기성 탈모증
분만 후 탈모증, 피임약 복용 후 탈모증	원형 탈모증
남성형 탈모증	압박성 탈모증
지루성 탈모증	약제성 탈모증
접촉성 피부염에 의한 탈모증	반흔성 탈모증
내분비 질환에 의한 탈모증	두부백선에 의한 탈모증
영양장애성 탈모증	매독성 탈모증
비타민 과잉에 의한 탈모증	그 밖에 질병으로 인한 탈모증
약제성 탈모증	
견인성 탈모증	

3. 탈모의 분류

1) 휴지기성 탈모

휴지기 탈모증이란 정상적으로 전체 모발의 약 10%를 차지하는 휴지기 모발의 빈도가 증가하여 병적인 탈모가 발생하는 경우를 말한다. 유발 요인을 겪은 2~5개월 후 갑자기 발생하는 탈모로 발생 후 대개 2~6개월, 늦어도 12개월 이내에는 원상회복된다. 성장 주기가 다한 휴지기성 모발은 샴푸나 브러싱과 같은 물리적인 힘을 가하게 되면 고착력이 약해져 쉽게 떨어지게 된다. 개인에 따라 차이가 있지만 하루에 50~100개 정도의 모발이 빠지며 빠진 만큼 회복이 되지만, 휴지기 탈모증이 6개월 이상 지속되는 경우도 있는데 이런 경우 전문가의 상담과 치료가 필요하다.

[휴지기 모구]

[여성형 탈모]

(1) 여성형 탈모(분만 후 탈모나 피임약 복용 후 탈모증)

출산이 가까운 산모들에게는 여성 호르몬의 분비량이 증가하게 되는데, 이 여성 호르몬은 모발의 수명을 늘리는 작용으로 모발의 성장기가 자연히 길어지게 된다. 성장기에서 휴지기로 가야 할 모발이 성장기의 연장으로 탈모량이 적어지게 되는 것이다. 따라서 분만과 더불어 호르몬의 분비가 정상적으로 되면 연장선에 있던 성장기의 모발이 분만이라는 스트레스와 더불어 휴지기로 변하게 하여 일제히 탈모하게 된다. 이러한 탈모 증상은 출산 후 2~6개월 정도 지속되며 전체 모발의 30~40%로 전반적으로 가늘어지는 미만성 탈모로 6개월 정도 지나 신체가 정상 상태를 회복하면 자연 치유된다. 또한 피임약과 같이 남성 호르몬을 촉진하는 약물을 과다 복용한 경우에도 탈모증을 악화시킬 수 있으므로 주의하여야 한다.

(2) 남성형 탈모증

남성형 탈모증의 원인은 1942년 해밀턴이라는 학자가 처음 제기하였으며 유전적인 원인과 남성 호르몬의 영향으로 인하여 발생하며 남성 탈모의 대부분을 차지한다. 남성 호르몬은 모발의 성장과 발육에 필요한 에너지의 생성을 방해하며 특히 앞머리와 정수리 부분에 있는 모발의 성장을 억제한다. 이러한 방식으로 탈모가 진행되는 경우가 흔히 대머리라 불리는 남성형 탈모이다. 남성형 탈모는 40~50대에 발생하는 것으로 생각하지만 대부분의 경우에 사춘기 이후부터 조금씩 시작되어 20대 후반부터 나타나게 된다.

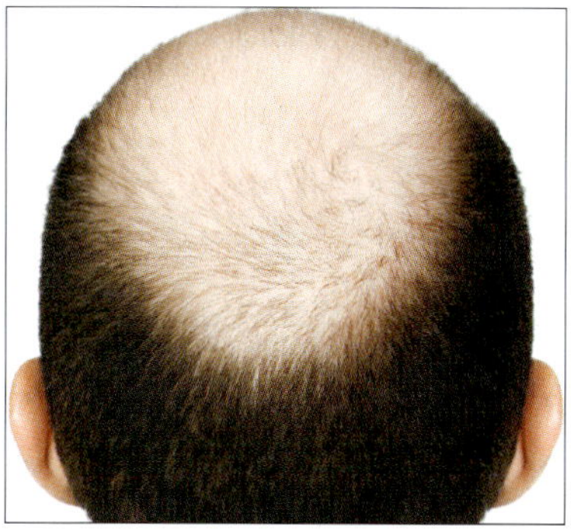

[O자형 남성탈모]

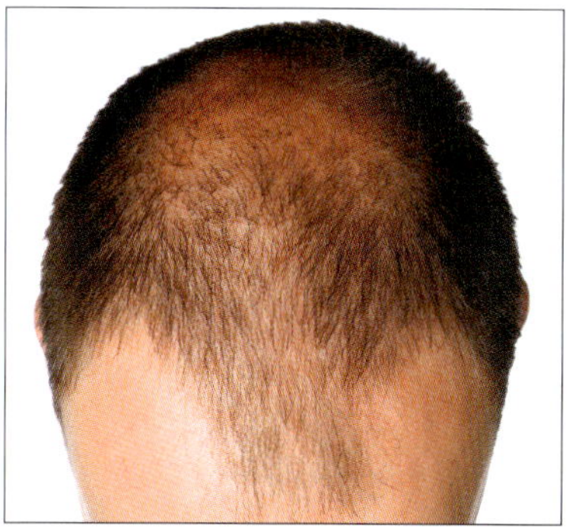

[M자형 남성탈모]

50세 이상이 되면 노화에 의한 탈모의 진행속도가 빨라지는데 이는 나이가 들면서 안드로겐에 대한 감수성이 증가하면서 탈모가 진행되는 것이다.

탈모 초기에는 이마와 두피 사이 경계선이 점차 뒤로 후퇴하면서 이마가 넓어지며 모발이 가늘어지면서 점차 숱이 적어진다. 남성 호르몬의 영향으로 탈모가 시작되고 진행하는데, 호르몬의 영향을 상대적으로 덜 받는 측두부와 후두부는 빠지지 않게 된다. 대머리는 유전으로 알려져 있지만 대머리 자체보다는 남성 호르몬에 민감한 체질이 유전된다고 할 수 있으며, 가족력이 있는 사람에게 유전적인 시점에 적정량의 안드로겐이 모낭에 작용하면서 탈모가 진행되는 것이다. 유전적 요인이 있다 하더라도 남성 호르몬이 없다면 탈모가 되지 않는다. 즉, 사춘기 때 거세당한 남성은 탈모 증상을 보이지 않았다가 다시 남성 호르몬을 주사하면 대머리가 된다는 사실이 입증되었다. 여름철의 강한 햇빛과 과다한 두피 분비물에 의해 시달려온 모발이 가을철에 남성 호르몬의 분비가 일시적으로 많아지기 때문에 봄, 여름 보다는 가을, 겨울에 더 많이 일어난다. 최근에는 대머리의 저연령화 현상이 두드러지고 있는데 이는 식생활의 변화로 동물성 지방의 섭취 증가와 스트레스가 주된 원인으로 여겨지고 있다. 남성호르몬을 미량 함유하고 있는 맥아 · 땅콩 · 효모 등의 섭취는 되도록 삼가는 것이 좋다.

(3) 지루성 탈모증

만성 질환의 일종인 지루성 두피인 경우 한선과 피지선이 많거나 커서 땀과 유분이 많이 생긴다. 따라서 늘 두피가 가렵고 냄새가 나게 되는데, 이는 분비물을 먹고 살아가는 미생물의 번식과 자외선으로 인한 화학 물질의 변성으로 인한 것이다. 따라서 자주 샴푸하지 않으면 두피는 황색의 기름기가 많은 각질로 덮혀 있어 여러 가지 미용적인 문제를 일으키게 된다. 특히 진균의 일종인 피티로스포룸 오발(pityrosporum ovale)이 악화인자로 작용하면서 피지선의 기능이 왕성하여 피지의 분비가 많아지게 되며 염증과 비듬이 자주 생기게 된다. 따라서 두피와 모낭 주위가 붉게 부풀어 오르거나 염증이 생기게 되어 가렵고, 두피에 통증을 동반하기도 한다. 비듬이 피지선에서 나오는 피지와 혼합되어 모공을 막아 모근의 영양 장애와 위축 작용을 일으킴으로써 모발이 빠지게 되고 염증도 모낭에 악영향을 주어 탈모를 유발시키는 것이다. 이와 같은 증상은 남성형 탈모증에게서 많이 보여지는데 지루 자체는 남성 호르몬의 작용에 의한 이차적 현상이지 그 자체가 대머리의 원인은 아니다. 즉 남성 호르몬은 머리카락이 가늘어지면서 피지의 분비를 증가시켜 진비듬이 많아지고 환원 효소의 분비도 늘어나 모발의 발육과 성장에 악영향을 주게 된다. 탈모가 진행 중인 사람은 대체로 피지선이 비대한 것을 볼 수 있는데, 이로 인해 비듬이 많이 생기게 되며 하루만 머리를 감지 않아도 머리가 끈적거리게 되는 것이다. 이러한 지루성탈모증에 대한 원인은 분명하지 않으나 유전적 요인이나 과로, 스트레스, 술, 지방이 풍부한 음식 섭취와 관련이 있다는 설도 있다.

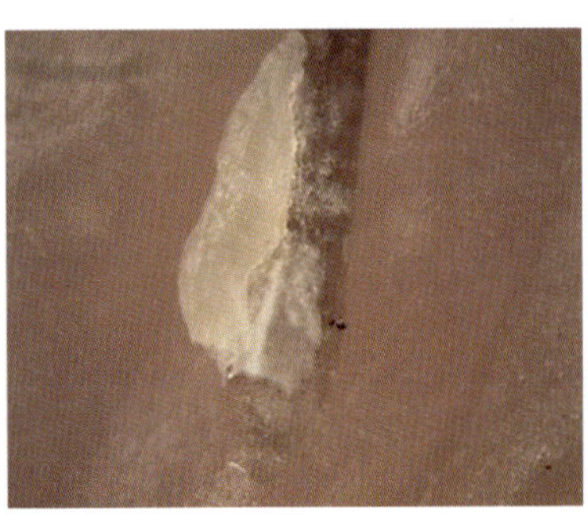

[지루성 모구]

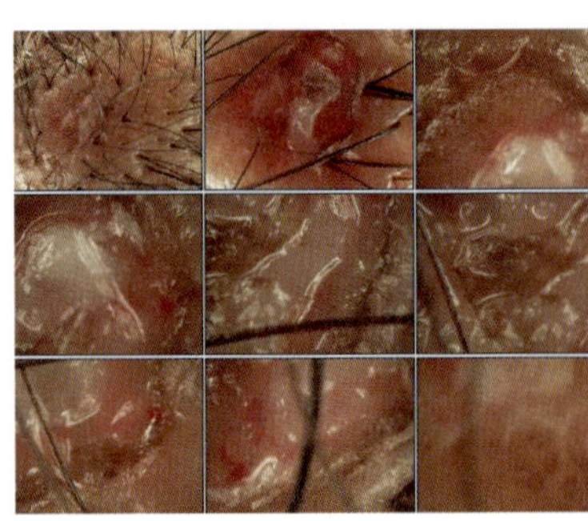

[심한지루성 두피]

(4) 접촉성 피부염에 의한 탈모증

외부 물질과의 접촉에 의하여 생기는 것으로 원인과 발생기전에 따라 원발성 자극 피부염과 알레르기성 접촉피부염에 의한 탈모로 나눌 수 있다. 원발성 자극 피부염은 일정한 세기 이상의 자극을 주면 거의 모든 사람에게 일어날 수 있는 피부염으로 화학 물질에 의한 화상, 주부습진, 기저귀 피부염 등이 여기에 속한다. 민감한 피부인 경우에 자극적인 물, 세제, 화장품, 건조한 기후 등에 반복적으로 작용하거나 여러 가지 자극이 동시에 작용할 때 발생하는 것이다. 알레르기성 접촉 피부염은 특정 물질에 민감한 반응(알레르기 반응)을 보이는 사람에게만 그 물질과의 접촉에 의해 발생한다. 특히 두피가 민감하거나 약한 사람은 염색약, 펌제, 왁스와 같은 두발 화장품 등에 의해 염증이 생기거나 심하면 탈모 증상으로 발생할 수 있다.

Chapter 7

(5) 내분비 질환에 따른 탈모증

내분비(호르몬)는 모주기와 모발의 형태에 영향을 미치게 되는데 성장기의 모발의 발육을 방해하고 휴지기의 기간을 연장시키는 작용으로 인하여 탈모증세가 나타나게 되는 것이다.

① 뇌하수체 기능 저하

뇌하수체의 기능이 떨어져서 발생하는 탈모 현상이다. 모발은 물론이고 겨드랑이 털이나 음모가 빠져 버리는 수도 있다.

② 갑상샘 기능 저하

갑상샘의 기능이 떨어져서 발생하는 탈모로 두피의 전반적인 탈모가 시작되어 체모의 수도 점차 줄어들게 된다. 특히 눈썹의 수가 적어지는 것이 특징 중의 하나이다.

③ 부갑상샘 기능 저하

부갑상샘의 기능이 떨어져서 오는 탈모 현상으로서 머리숱이 전반적으로 줄어들게 된다. 머리카락이 건조하면서도 쉽게 빠져 버리는 것이 특징이다.

④ 갑상샘 기능 항진

갑상샘 기능 항진증으로 인한 탈모는 갑상샘 기능 저하증보다 많지는 않지만 모발이 전반적으로 가늘어지고 부드럽게 되는데 이는 호르몬이 많아 오히려 성장기의 모발 발육이 어렵기 때문이다. 이 경우의 탈모는 가끔 원형 탈모증으로 진행된다.

⑤ 당뇨병

당뇨 조절이 제대로 이루어지지 않아 나타나는 탈모 현상이다. 이와 같은 내분비 이상에 의한 탈모증일 경우, 그 원인인 기능 장애의 치료를 해주면 그 자체가 탈모를 치료하는 방법이 되는 것이다. 탈모의 발생 원인이 갑상샘 호르몬의 기능 이상에 의한 것이라 하더라도 모두에게 탈모 증상이 나타나는 것은 아니며 내분비와 모발의 관계가 확실하게 밝혀진 것은 아니다.

(6) 영양 장애성 탈모증

최근 들어 흔히 관찰되는 경우로 체중을 감량할 목적으로 단식이나 다이어트를 하는 경우 모발이 가늘어지거나 탈모되는 경우가 있다. 이는 모발이 섭취한 영양 상태에 민감하게 반응하는 것으로 이러한 탈모를 유발할 수 있는 원인으로는 철분, 아연 및 단백질 결핍을 들 수 있으며 구리 결핍증과 탈모증과의 관계는 아직 연구 중이다. 이러한 탈모는 충분한 양의 단백질을 보충해주면 회복될 수 있으며 편식하지 않고 균형 있는 식단을 유지하면 예방할 수 있다.

(7) 비타민 과잉에 의한 탈모증

일반적으로 탈모의 원인으로 생각하기 힘든 비타민 A 과다 복용으로도 탈모증을 유발할 수 있다. 이는 모발의 성분인 케라틴 콜레스테롤 등에 변화를 초래하여 탈콜레스테롤제로 탈모 현상을 나타낸다. 따라서 비타민의 섭취량을 적당하게 조절하여 섭취해야 할 것이다.

(8) 약제성 탈모증

헤파린이나 헤파리노이드와 같은 혈액 응고 방지제에 모유두 혈관의 혈액 성분에 영향을 주어 털의 영양 장애를 일으켜 탈모증을 유발하기도 한다. 또한 정신과 등에서 이용되는 트리파라놀은 모발 안의 콜레스테롤 합성을 억제하여 모발의 각화가 제대로 되지 않아 모발 발육 장애와 흰머리를 유발하여 휴지기성 탈모를 일으키는 경우가 있다. 이 밖에도 피임약, 헤파린(혈액 응고 방지제), 켄타마이신(항생제), 카바마제핀(항 경련제), 레보도파, 푸로프라노롤, 인도메타신 등의 약제가 휴지기 탈모를 일으킬 수 있다.

(9) 견인성 탈모증

Chapter 7

기계적인 힘 등의 물리적 요인에 의한 탈모증을 말한다. 즉 업 스타일 등 모발을 묶거나 땋는 등 감아 올릴 경우 탈모가 되는데 이를 견인성 탈모라 한다. 이는 풍속이나 개인의 악세사리나 핀을 꼽는 모발 관리 습관에서 비롯되는 경우가 많다. 옛날 성인 남성들의 머리 형태인 상투와 여성들의 쪽머리나 낭자머리 등은 물리적 힘의 작용이 모근에 가해져 탈모가 생기기 쉬웠으며 탈모 부위는 머리모양에 따라 헤어라인이나 전두부에 잘 생긴다. 이는 모발을 느슨하게 땋아 특정 부위의 모발에 견인력을 피해야 하여, 전기 아이론이나 드라이로 머리를 지나치게 당기지 말고 가급적이면 브러시 보다는 솔의 간격이 넓은 빗을 사용하는 것이 좋다.

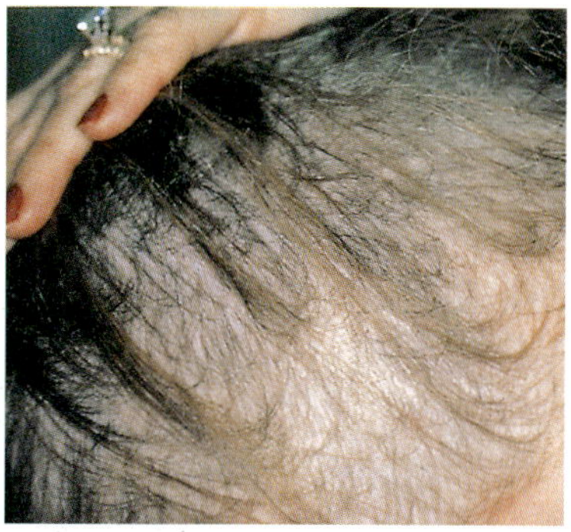

[압박 및 견인성 두피]

2) 성장기성 탈모

성장기의 모발이 어떤 특정 원인에 의해 모발이 가늘어지면서 빠지는 현상으로 위축모라 한다. 성장기성 탈모는 주로 독성이 있는 항암제 투여나 방사선 치료를 한 뒤나 또는 1~2주 후에 나타난다. 특히 모발은 투여된 약의 약효가 계속되는 동안에는 가늘어지거나 부러지며 탈모가 되는데 약을 중단하게 되면 몇 주일 내에 모발이 자라나게 된다. 항암제 이외에도 화학 물질을 다루는 작업 현장에서도 탈륨(Tl)이나 보론(B)과 같은 화학 물질로 인한 탈모 현상이 나타난다. 두피 외상, 압박, 내분비 질환이나 대사성 질환, 감염성 및 유전성 질환에서도 성장기성 탈모가 일어날 수 있다.

(1) 원형 탈모증

원형 탈모증은 주로 정신적인 것(정신적 긴장상태)등에 의한 교감신경의 긴장과 그것에 동반하여 1차적으로 말초혈관의 위축, 2차적으로 갑상샘기능의 이상 촉진이나 난소 기능장애로부터 발생한다. 그 원인은 아직 불확실하지만 자가면역기전에 의한 것으로 생각되며 여기에 유전적 소인과 정신적인 스트레스가 영향을 미치는 것으로 보인다. 신경성 원인이 대부분이고 수험생, 취직하려고 신경을 쓰는 사람, 고부 간의 갈등으로 신경 쓰는 젊은 며느리, 회사 운영에 어려움을 겪는 중소기업의 경영자 등에게서 많이 나타난다. 보통 자각 증상없이 직경 1~5cm의 경계가 명확한 원형 또는 나선형의 탈모가 갑자기 발생한다. 두피에 보통 나타나지만 수염, 눈썹, 음모, 체모 등에도 나타날 수 있다. 탈모된 모근은 여위고 가늘어져 있고 색소는 소멸되어 있다. 탈 모반내에는 수 개의 휴지기 모발이 남아 있기도 하며 탈모반 표면이 주위 정상 부위보다 약간 함몰되어 있다. 발병 초기에 은빛 모발(백모)은 침범 받지 않기도 한다.

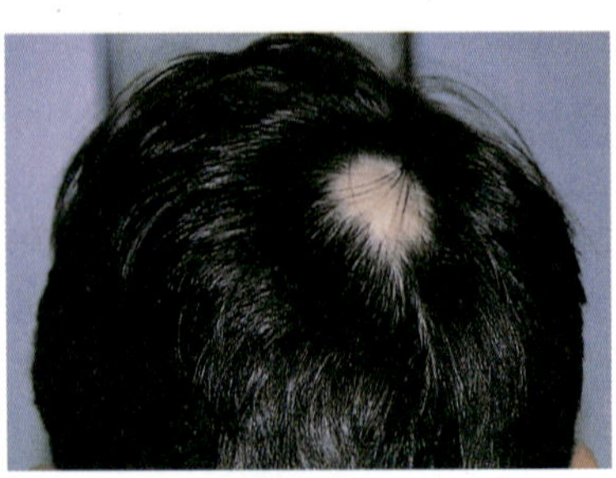

[원형 탈모]

■ 특수한 형태의 원형 탈모증

① 전두 탈모증(Alopecia totalis)

머리전체의 털이 빠지는 형태

② 전신 탈모증(Alopecia universalis)

눈썹, 속눈썹, 수염, 체모, 음모 등 전신의 털이 빠지는 형태

③ 사행성 두부탈모증(Ophiasis)

한쪽 귀 주위에서 머리의 옆과 뒤를 따라 다른 쪽 귀로 이어지는 형태, 즉 월계관을 쓰면 닿는 부위의 탈모반을 말하며 머리 뒤쪽에서 탈모 형태를 보면 뱀이 구불구불 기어가는 듯한 느낌을 준다하여 사행성(뱀이 기어감)이란 용어가 붙었다.

④ 망상 원형탈모증(Reticular alopecia areata)

크기가 작으면서 모양이 뚜렷한 탈 모반이 머리의 여기저기에 흩어져 있어 망(그물)형태를 보이는 경우이다.

■ 동반될 수 있는 질환

원형탈모증은 대개 동반되는 질환이 없이 건강한 사람에게서 발생되지만 아토피 피부염, 다운 증후군, 갑상샘염, 류마티스 관절염이나 백반증과 같은 자가면역질환을 앓고 있는 사람이 일반인보다 더 높은 발생빈도를 보인다.

(2) 압박성 탈모증

오랫동안 누워있는 환자나 젖먹이 아기에게 간혹 볼 수 있으며, 머리 무게에 의한 압박으로 국소허혈(局所虛血) 때문에 탈모가 일어나는 경우이다. 머리가 오랫동안 고정된 위치로 압박을 받거나 만성환자가 장기간 한쪽으로 누워 있을 때에도 발생한다.

(3) 약제성 탈모증

항암제가 탈모를 일으키는 가장 큰 원인 중 하나이다. 항암제는 암세포만 제거하는 것이 아니라 정상적인 세포에도 손상을 주며, 두피 중 약 85~90%를 차지하고 있는 성장기의 모낭도 항암제로 손상을 입는다. 원인이 되는 항암제 투여를 중단하면 수주 일 내에 다시 모낭이 회복되어 모발이 자라게 된다. 암환자들이 항암 치료기간 중에 머리에 압박 붕대나 얼음찜질을 하는 이유는 탈모를 예방하기 위한 것이다.

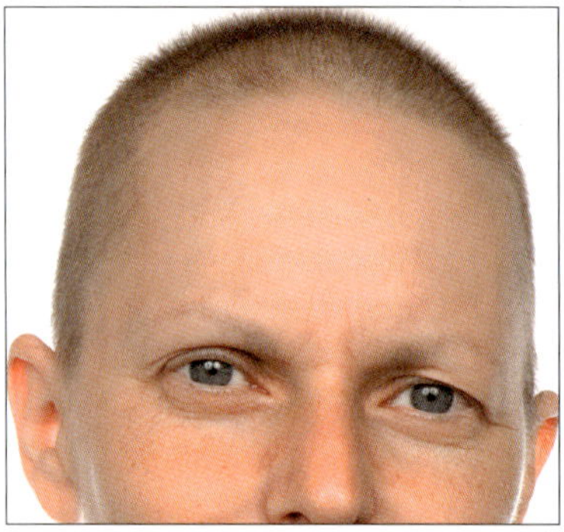

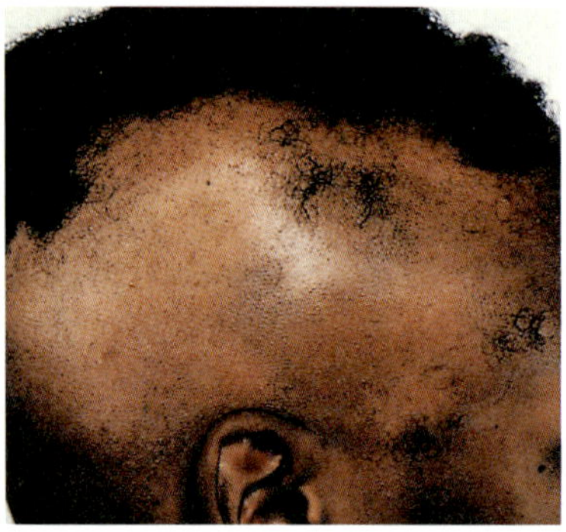

[약제성 탈모]

(4) 반흔성 탈모증

두피에 외부적인 외상이나 화상 또는 방사선 등의 원인에 의해 일어나는 탈모증이다. 이 경우 모근과 모낭이 완전히 파괴되어 상처가 아물어도 모발이 더 이상 자라지 않게 되어 반질반질해지며 자연적으로는 절대 회복이 되지 않는다.

(5) 두부백선에 의한 탈모증

예전에 흔히 볼 수 있었던 곰팡이의 감염에 의한 탈모이다. 곰팡이균의 일종인 백선균이 감염되어 모발이 쉽게 부서지고 비듬이 생기는 병이다. 모발이 빠지는 것이 아니고 모발이 쉽게 굽혀지거나 끊어져 마치 탈모증처럼 보이나 연고를 바르면 곰팡이를 쉽게 제거할 수 있다.

(6) 매독성 탈모증

과거에나 볼 수 있었던 매독이 최근 다시 증가하면서 매독 제2기에 나타나는 피부 발진으로 탈모 증상이 나타난다. 증상은 가려움증이나 통증 등 스스로 느끼지 못하는 상황에서 진행된다. 매독성의 탈모는 마치 콩알만 한 크기의 탈모가 후두부와 측두부에 그 경계가 뚜렷하지가 않아 지저분한 모양이 되는 것이 특징이다. 이 경우 전문가에 의한 진단과 치료를 받는 것이 중요하다.

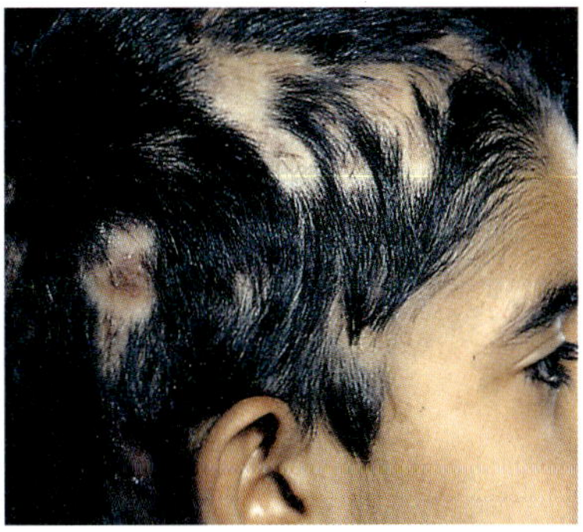

[감염탈모]

Chapter 7

(7) 그 밖에 질병으로 인한 탈모증

질병에 의한 탈모 또한 흔한 편이다. 아이 출산, 큰 외과 수술, 갑상샘 질환, 심한 고열 후에 탈모가 일어나기도 한다. 또한 피부 결핵, 당뇨, 류마티스 관절염을 포함, 자가면역체계 이상으로 탈모가 일어나기도 한다. 모낭은 매우 민감하기 때문에 신체의 불균형에 민감하게 반응한다. 대부분의 질병에 의한 탈모 원인들은 일시적인 것으로 신체의 균형을 되찾은 후에는 정상적으로 회복된다.

① 고열, 심한 전염병이나 독감에 의한 탈모

간혹 장티푸스, 폐렴 등의 고열이나 심한 전염병, 독감을 앓은 사람들에게서 1~3개월 후에 탈모가 나타날 수 있으며, 이 탈모는 보통은 일시적이고 정상적으로 모발이 재생된다.

② 장성지단 피부염에 의한 탈모

유아에게서 발생하는 유전성의 질환에 의한 탈모로 피부염이 머리에 전염되면 두발 전체나 부분적으로 탈모를 일으킨다.

③ 교원병(膠原病)에 의한 탈모

병리조직학적으로 혈관의 결합조직에 팽화(膨化)나 괴사가 일어나는 교원병은 자기 면역 질환으로 일어나는 탈모이다.

④ 염증에 의한 탈모

최근 증가 추세에 있는 아토피성 피부염에 의한 탈모 현상이다. 원형 탈모증과 비슷하나 탈모된 부위의 경계가 분명하지 않고 꺾인 모발과 탈모된 주위의 두피가 빨갛게 된 것을 발견할 수 있다. 이것은 진드기 등이 주요 원인 중의 하나라고 보고 있다.

⑤ 종양에 의한 탈모

종양 세포의 침투로 인해 모포가 파괴된 뒤 중독성 변화로 탈모 증상이 나타나거나 모포성 무틴 침착증이라는 병이 악성 임파종에 합병될 수 있다. 이것은 모포벽이나 지선에 점액물질의 침착, 탈모 증세를 발생시키는 것이다. 이 밖에도 한센병은 뇌종성 침윤이 모포를 침입하여 탈모가 진행된다.

4. 비듬(Dandruff)

곰팡이균이 밀집된 농도가 건강한 두피의 두 배로 각질층이 매우 얇고 조직구성이 느슨하며, 표피 세포가 새롭게 태어나는 주기가 매우 빠른 편이다. 각질층의 보호 기능 축소와 비듬을 일으키는 미생물의 과다한 활동력은 두피를 자극시켜 염증에 가려움증을 일으키고 붉어지게 만든다. 각질층의 피부가 떨어져 나가는 박편현상과 함께 피지선 부분의 지방이 과다 생성되는 경우도 있다. 비듬이란 두피에서 과잉 분비되는 비늘모양의 비염증성 생리 물질로서 세균인 피티로스포둠 오발(pityrosporum ovale, 비듬균 총칭)의 이상증식으로 생긴다. 전세계 인구의 45%이상이 비듬으로 고생하고 있으며 남성이 여성보다 많고 20~40세 사이의 남성이 특히 심한 것으로 나타났다.

[비듬 및 비듬성 두피]

1) 비듬의 원인

피티로스포룸 오발레(pityrosporum ovale)라는 효모균이 스트레스 등의 유발요인에 의해 그 숫자가 10~20배까지 과다 증식하게 되면 가려움증인 비듬을 유발하게 된다. 비듬은 피지선이 풍부한 곳 특히 모공주위에 많이 존재하고 있기 때문에 피트로스포룸은 누구나 갖고 있다.

(1) 발한장애

심한 건성은 노인이나 폐경 후 여성에게 특히 자주 발견되며, 기후적 특성으로 피부의 수분상태에 영향을 미쳐 혈액순환이 순조롭지 않으므로 비듬을 발생시킨다.

(2) 자가독성

피부의 고유기능인 제독작용으로 피부가 더 이상 독소를 제거할 수 없게 되면 이것이 축적돼 피부층에 독성화를 일으켜 비듬을 생성시킨다.

(3) 그 외

호르몬의 불균형, 지방, 탄수화물의 과다 또는 불균형 섭취, 표피조직 내의 신진대사 불균형으로써 비타민, 미네랄의 부족 등에 의해 발생되며, 순환이 잘 안되거나 감염, 상처, 신경자극의 결여, 잘못된 다이어트, 불청결 등으로 발생한 두피의 비활성 상태, 강한 샴푸에 의한 탈지 등과 샴푸과정에서 두피와 모발을 충분히 헹구어주지 않아도 비듬이 생길 수 있다.

2) 비듬의 종류

비듬이 나타나는 형태는 피지량, 질환, 영양부족 및 영양과다 등에 의해 여러 형태로 나타난다.

[지성 두피]

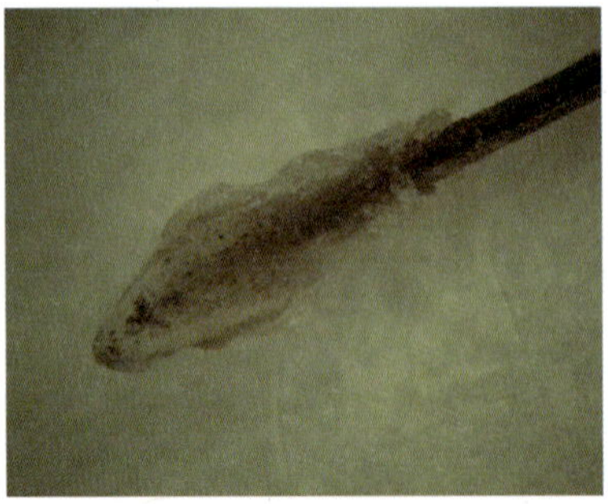

[지루성 모구]

(1) 건성 비듬

피지선에서 땀이나 피지가 부족하여 두피가 건조해지면서 각질세포가 버석거리며 하얗게 떨어지는 현상으로 헤어 오일류나 유분이 많은 트리트먼트제를 사용해서 유수분을 보충하고 건조를 방지하는 것이 좋다.

· 피지와 땀이 모두 부족해 두피가 건조해 각질세포가 떨어지는 현상이다.
· 두피가 가렵고 유, 수분이 부족하여 생길 수 있다.
· 가려움증이 심해지면 비강성 탈모가 나타날 수 있다.
· 한 모공에 모발이 1~2개 정도만 존재한다.
· 영양공급이 제대로 일어나지 않아 모발이 가늘어진다.
· 모발에도 건조한 각질들이 붙어 있고 피지분비가 원활하지 못할 때
· 노화 각질이 모공을 막고 있어 영양공급에 장애가 된다.
· 화학성분만으로 제조된 샴푸나 비누를 너무 자주 사용하게 되면 그로인해 두피가 자극을 받아 건조해 질 수 있다.

(2) 지성 비듬

피지가 너무 많이 분비되어 두피가 지방화되면서 각질세포와 기름기가 뭉쳐 축축하게 덩어리져 떨어지는 현상으로 청결이 가장 중요한 손질법이다. 뜨거운 물이나 바람은 두피의 유분율을 촉진하므로 피해야 한다.

· 피지와 땀이 모두 지나치게 분비되어 두피가 지방화 되면서 각질세포와 기름기가 서로 뭉쳐있는 형태이다.
· 식습관, 변비, 정신적, 육체적 피로등의 건강상태로 생길 수 있다.
· 두피가 청결하지 못하고 영양공급이 제대로 일어나지 않아 모발이 가늘다.
· 피지덩어리가 모발 표면에 강하게 붙어 있어 불쾌한 냄새가 난다.
· 노화각질과 피지 분비물들이 모공을 막고 있어 피지가 모낭안에서 산패되어 염증을 유발하거나 탈모가 될 확률이 높다.
· 한 모공에 1~2개 정도 밖에 모발이 없다.

(3) 지루성 피부염

장기간 지속되는 습진의 일종으로, 주로 피지샘의 활동이 증가되어 피지 분비가 왕성한 두피와 얼굴, 그 중에서도 눈썹, 코, 입술 주위, 귀, 겨드랑이, 가슴, 서혜부 등에 발생하는 만성 염증성 피부 질환이다. 홍빈 위에 빌생한 건성 혹은 기름기가 있는 노란 비늘(인설)이 특징이며 가려움증을 동반할 수 있다. 호전과 악화를 되풀이하며 전신으로 나타날 수도 있으나 한 부위에 국한된 발진으로 나타날 수도 있다. 두피에는 쌀겨 모양의 표피탈락이 생길 수 있는데 이런 현상을 비듬이라 한다.

(4) 건선

붉은 반점에 은빛 비늘이 덮힌 현상이 피부 여러 곳에 생기는데 두피에도 잘생긴다. 이는 피부 세포의 증식이 너무 빨라서 생기는 것으로 비듬이 잘 없어지지 않는다.

(5) 영양부족에 의한 비듬

모발에 영양이 부족하면 세포 재생산이 느려져 결과적으로 각질 세포층이 점차 약해짐을 볼 수 있는데, 이로 인해 상피층이 쉽게 떨어져 비듬으로 발전한다.

(6) 영양과다(비대증)에 의한 비듬

프로틴이 지나치게 많거나 적으면 생산성 불균형이 일어나는데, 특히 과도하면 상피층이 두꺼워져 각화증이 일어나고 죽은 세포 역시 두꺼워지기 때문에 불규칙하게 조각으로 떨어진다.

Chapter

8 모발구조의 이상 현상과 질환

1. 모발 구조의 이상 모발
2. 모낭과 관련된 질환

1. 모발 구조의 이상

1) 염전모(Pili torti)

염전모는 선천성인 경우에는 상염색체성 우성으로 유전되며 후천적으로 발생할 경우에는 다른 피부 및 전신이상을 동반한 여러 증후군과 연관되어 나타날 수 있다. 소아기의 두피, 눈썹, 속눈썹에서 발생되며 모발은 장축에 따라 털이 나사 모양으로 비틀려 있는 상태로 머리카락이 평평했다가 약간 방추형이 되기를 반복한다. 색이 옅은 부위와 진한부위로 나타나기 때문에 빛나는 것처럼 볼 수 있으며 임상적으로 부분적 탈모현상이 나타나며 모발은 짧고 부서지기 쉽게 된다. 정신지체나 각막 혼탁, 손톱기형 등이 동반될 수 있다. 특별한 치료는 없고 외부모발 충격을 줄여준다. 얽힘 방지를 위해 린스 샴푸를 한 후 헹굼을 하지 않아야 한다.

2) 연주모(Monilethrix)

연주모는 목걸이 모양의 염주 모양 모발이라고도 불린다. 선천성 질환으로 모발이 연주상으로 변하는 이상 현상으로 모간의 두께가 고르지 않고 결절 부위에서 모발이 쉽게 부서진다. 현미경으로 보면 약 몇 밀리미터 폭의 방추형으로 볼록 나온 부분이 보인다. 유전적인 모낭의 과다 각화증과 연관되어 있다. 여름철이나 임신 중에 증세가 호전되나 출산 후에 다시 나빠진다. 간혹 사춘기에 자연적으로 호전되는 경향이 있으나 평생 동안 좋아지지 않는 수도 있다.

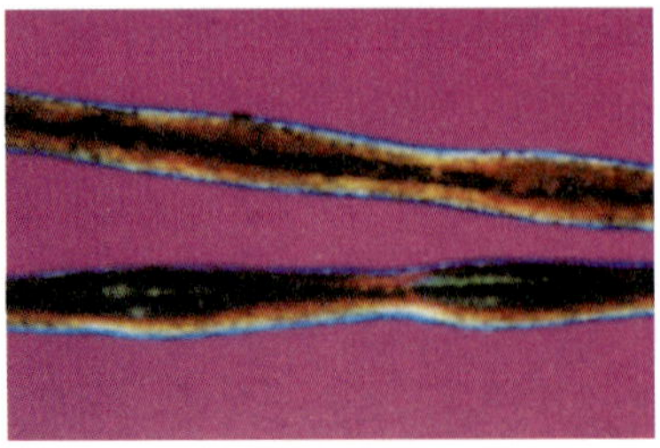

[연주모]

3) 결절성 열모증(Trichorrhexis nodosa)

모간의 한 점이 불규칙한 간격으로 파열되는 것이 특징이다. 대개의 경우 진주 모양의 작은 혹을 형성해서 진주병이라고도 불린다. 모피질의 세포들은 외상 후에 붕괴된다. 모발의 건조가 문제이며 그 이유는 두 가지로 나눌 수 있다. 먼저 제품의 잘못된 적용으로 인한 화학적인 원인으로 강한 퍼머넌트, 모발탈색, 모발염색을 들 수 있으며, 물리적인 원인은 퍼머넌트 시술시 사용하는 고무밴드가 걸리지 못했을 때 외상을 입게 된다. 모발이 엉켜서 매듭져 있어 헤어 드라이어를 하거나 빗질을 할 때 세게 당기면 끊어질 위험이 있다. 한 번 상처를 입은 머리카락의 치료법은 없다. 그러나 부드러운 샴푸와 더불어 라놀린, 프로테인, 아미노산, 아몬드유가 함유된 재활성 트리트먼트 크림을 사용하여 완전히 부스러지는 것을 예방할 수 있다.

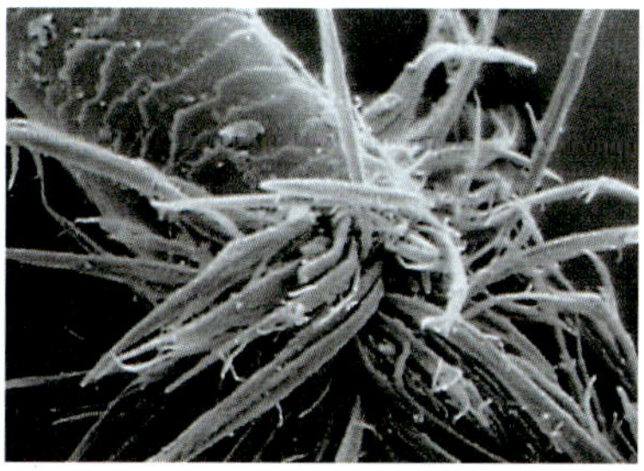

[결절성 열모증]

4) 함입성 열모증(Trichorrhexis invaginata)

모피질의 황화수소(-SH)가 황결합(S-S)으로 치환되지 않아 연한 모피질이 말려 들어가면서 생긴 증세이다. 대나무처럼 보이며, 각화를 시작하는 부위에서 모간이 중첩되어 생긴다. 특별한 치료는 없고 외부모발 충격을 줄여준다.

[함입성 열모증]

5) 백륜모(Pill annulati)

백륜모는 드문 선천성 질환으로 원인은 불확실하나 가족 질환으로 발생되고 머리카락에 착색된 띠와 착색되지 않은 띠가 교대로 형성되어 있으며 모피질 내에 빈 공간이 생겨 빛의 차이에 의해 흑색과 백색 띠가 교대로 나타난다. 직경은 머리카락의 길이를 따라 똑같다. 유전자에 의한 유전적 현상으로밖에 설명할 수 없으며, 치료법은 현재로서는 특별한 것이 없으며 증세가 긴 기간 계속 유지된다. 모발염색만이 이 증상을 감출 수 있다.

6) 양털 모양의 모발(Wooly hair)

두피에 국소적 혹은 전체적으로 가늘고 꼬불꼬불한 모발이 나타난다. 가늘고 밀집된 양털 모양의 모발이 출생 시에 나타나서 아동기에 가장 심하며 어른이 되면 어느 정도 호전되는 질환이다. 뭉쳐지는 경향이 있어 빗질이 힘들며 보통 12cm 이상 자라지 못한다. 흑인에게서 흔히 볼 수 있다.

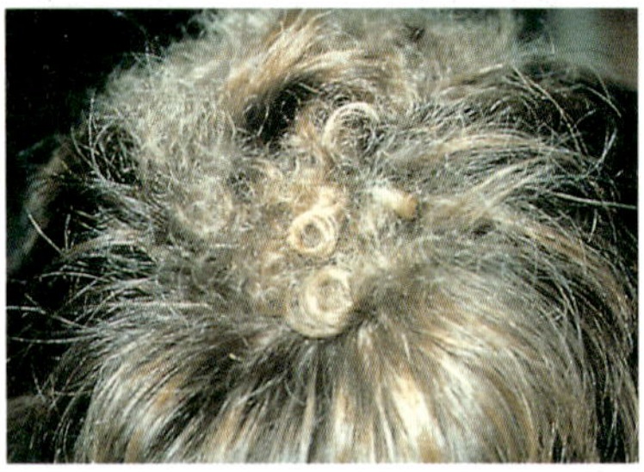

[양털 모양의 모발]

7) 수발 가성 모낭염(Pseudofolliculitis barbae)

피부에서 나온 모발이 다시 구부러져서 피부를 찌르는 질환으로 흑인 남자가 면도를 할 때 악화된다. 치료는 면도를 피하여야 하며, 레티놀산(retinoic acid)을 국소도포하면 효과가 있다는 보고가 있다.

8) 모발 모공각화증(Trichostasis spinulosa)

모낭유두(follicular infundibulum)의 각화증으로 모낭이 부분적으로 폐쇄되어 휴지기모가 빠지지 못하기 때문에 모낭이 솜털뭉치로 되어 있다. 노인의 코와 이마에 주로 나타나며, 어깨와 등에 나타날 때는 면포와 같은 작은 흑점으로 보인다. 제모제 왁스로 치료한다.

9) 조모증(Hirsutism)

모발의 비정상적인 과도한 성장으로 인한 증세로 모발의 분포는 인종에 따라 차이가 많다. 라틴계, 유태인, 웨일즈 지방의 여성들은 아시아계 여성들보다 털이 많으며, 갈색 모발은 금발의 여성들보다 얼굴, 가슴에 털이 더 많은 경향이 있다. 개인에 있어서 조모증 여부를 판단하는데 있어서는 인종적인 특징이 중요한 요인이 된다.

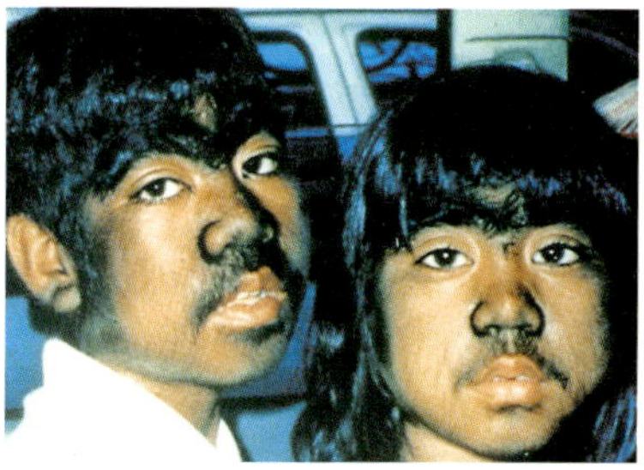

[조모증]

(1) 원인 불명의 조모증(Idiopathic hirsutism)

특별한 외적 원인이나 분명한 내분비 인자와 관계없이 생긴 조모증을 말한다. 유전적인 성향이 있다.

(2) 국소성 다모증(Localized hypertrichosis)

여러 색소성 모반, 만성 염증, 만성 외상, 스테로이드제나 안드로겐제의 국소 도포, 국한성 점액 수종(localized myxodema) 등에서 볼 수 있다.

(3) 유전성 조모증(Genetic hirsutism)

선천성 유전으로 전신에 많은 솜털이 나고 치아의 기형 및 치육 섬유종(gingival fibromatosis)이 동반되는 선천성 취모 다모증(congenital hypertrochosis lanuginosa)과 심한 다모증, 대리석 모양의 피부, 안면청색증이 있다.

(4) 내분비성 조모증(Endocrlnopathic birsutism)

분명한 남성화 징후(masculinization)를 보이고, 하루 배설뇨 중 17-ketosteroid 양이 20mg 이상 되는 경우에 내분비성 조모증이라고 할 수 있다. 부신, 난소 및 뇌하수체의 질환으로 생길 수 있다. 부신성 조모증은 선천성 부신 비대, 성인 부신-생식기 증후군(adult adrenogenital syndrome) 부신의 선종이나 암에서 생길 수 있다. 난소성 조모증은 스타인레벤탈(steinleventhal) 증후군, 난소의 전이암(krukenberg tumor), 남성배세포종(arrhenoblastoma), 난포막세포종(theca cell tumor), 낭선종(cystadenoma) 등에서 나타난다. 뇌하수체성 조모증은 쿠싱 증후군(cushing syndrome), 선단 거대증(acromegaly)에서 볼 수 있다.

(5) 외인성 조모증(latrogenlc hirsutism)

약제로 인한 다모증이며 다모증을 일으킬 수 있는 약제로는 다 일랜틴(dilantin), 미녹시딜(minoxidil), 코르티코스테로이드(corticosteroids), 헥사클로로벤제(hexachlorobenzene), 테스토스테론(testoserone) 등이 있다. 여자에 있어서 테스토스테론은 용량보다 테스토스테론에 대한 감수성에 좌우된다.

10) 발진성 연모낭증(Eruptive vellus hair cysts)

진피 내에 층을 이루는 각질과 연모로 채워진 낭종을 보이는 질환이다. 임상적으로 자각 증상이 없는 지속적 색소 침착성 구진으로 가슴에 자주 나타나며 팔에도 나타날 수 있다. 색소 침착이 없는 증례도 보고된 바 있다.

11) 액와 모발 진균증(Trichomycosis axillaris)

겨드랑이 및 치골부의 모발에 여러 색깔의 소결절이 생기는 질환이다. 이 결절들은 산재하여 모간에 견고하게 붙어 있으며, 황색 내지 적색, 혹은 흑색을 띤다. 땀을 많이 흘리는 사람에게 흔하다. corynebaclerium tenuis가 원인균으로 알려졌으나, 다른 종의 디프테로이드균(diphtheroid)이 분리되기도 한다. 치료는 병변 부위의 털을 면도하고 외용 항생제를 사용한다.

12) 매듭모(Trichonodosis)

매듭모는 모간에 매듭이 형성되는 질환으로 두 가지 형태로 나타난다. 하나는 쉽게 부러지는 비정상적인 성장을 보이는 두발과 체모에서 발생되는 아주 드문 경우이고, 다른 하나는 정상적인 두발과 체모에서 발생되는 것으로 주로 빗질이나 마찰 등의 기계적인 힘이 원인으로 생각되는 형태이다. 모발에서 매듭이 발생하는 원인은 빗질이나 모발이 비벼지는 등 기계적 및 물리적인 힘에 의해 발생되며, 계속된 빗질에 의해 매듭이 더욱 견고하여지고 당겨져 모발이 부러지게 된다. 주로 짧은 고수머리의 흑인에서 흔히 발생하는 것으로 알려져 있고 우리나라와 같이 짧고 곧은 머리에서 발생하는 것은 드문 것으로 알려져 있으나 국내에도 드물게 보고 되고 있다.

13) 백모(Gray hair)

멜라닌은 화학적으로 안정된 물질로서 각종 용매에 불용성이며 빛에 대하여는 자외선에서 가시광선까지 비특이적으로 흡수한다. 자외선의 광조사에 의해 동물의 멜라닌은 아미노산 중합체(heteropolymer)가 작용하여 자외선의 에너지를 흡수하며, 세미퀴논(semi-quinone)에서는 히이드로퀴논(hydro quinone)으로 변하여 에너지를 흡수한다. 의학적으로 백모에 대한 정확한 원인은 밝혀져 있지 않으나, 일반적으로 흰머리는 노화의 한 현상으로 볼 수 있다. 모발의 색은 모발 중에 함유되어 있는 멜라닌의 색소량에 따라 결정되는데, 실제로 나이를 먹게 되면 신진대사가 느려져 멜라닌을 만드는 능력이 저하된다. 백발은 색소의 이상 현상으로 볼 수 있으며 나이가 들면서 멜라닌 생성 속도는 느려지게 된다. 백모라 해도 멜라닌 과립(melanin granules)은 계속 생성되지만 그 수 자체가 줄어들어 과립 안의 멜라닌 색소의 양이 점차 줄어든다. 그 결과 모발의 색은 엷어지고 약해져서 전체적으로 색이 상실되어 흰머리가 생기게 되는 것이다. 이러한 흰머리도 다른 모발 색상과 마찬가지로 그 색이 다양하며 완전한 백발도 사람에 따라 음영이 다르게 나타난다.

(1) 백모의 발생 원인 및 메카니즘

백모는 멜라닌 생성 과정인 도파-퀴논(DOPA-quinone)에서 그 작용이 멈추어 모발이 각화되어 위로 올라오면서 티로시나제(tyrosinase) 라는 효소를 만들지 못하여 더 이상 산화작용이 이루어지지 못한 상태이다. 백모는 특히 흑갈색 계의 모발 색을 갖는 인종에게는 색상 대비 현상이 더욱 명료하게 나타나며, 멜라노사이트(melanocyte)에서 멜라닌 생성이 멈추므로 일어나는 현상이다.

백모의 발생 원인은 멜라닌 과립이 각화세포로 전달시킬 수 없어서 생기는데, 이러한 현상의 정확한 발생 이유는 충분히 해명되지 않고 있으나 대체로 모구부의 색소 세포계의 이상으로 지적할 수 있다. 모발이 신체 다른 부위 모발에 비해 빨리 희게 되는 이유는 상대적으로 생장기에 있는 모발의 수가 많기 때문이다. 흰머리는 일반적으로 남녀에서 발생하는 시기가 비슷하나 인종 혹은 개인에 따라 크게 차이가 난다.

백인은 보통 30대 초반에 나타나고 흑인은 10년 정도 늦은 40대 초반에 나타난다. 동양인은 남자가 30대 초 · 중반, 여자가 30대 중 · 후반에 나타난다. 모발의 절반이 백발이 되는 것은 평균적으로 남성이 55세, 여성 54세로 남녀 모두 거의 비슷한 연령이다. 모발의 백발화는 대체적으로 측두부(side part)에서 시작하여 두정부(crown part) 및 앞머리로 진행되고 마지막으로 후두부(back part) 순으로 백발화가 된다. 모발보다는 느리지만 콧털, 눈썹, 속눈썹 순으로 백발화가 진행되며, 겨드랑이 · 음부 · 가슴의 모발은 나이가 들더라도 사람에 따라서는 백발화 현상이 일어나지 않거나 쉽게 생기지 않는다.

멜라닌 색소는 과학적으로 상당히 안정적인 물질로서 단기간에 소실되거나 하지 않기 때문에 단기간으로서 백발화가 된다는 것은 과학적으로는 증명할 수 없다. 또한 유전적인 영향에 의해 부모의 백발이 빨리 진행되었다면 자식들도 대체적으로 백발화가 빨리 진행되는 경우가 많다. 30대에 나타나는 백모는 인체 노화 현상 중 하나로 특별한 원인 질환 없이 발생한다. 그러나 때로는 신체의 다른 질환 때문에 흰머리가 생기는 경우도 있으므로 백모가 생겼을 경우엔 다른 병이 있는지도 한번쯤 생각해야 한다. 출산 출혈 뒤 강한 스트레스 후 탈모된 다음 흰머리만 나오는 경우가 있는데, 이때는 치료 받으면 다시 검어진다. 젊은 나이에 머리카락이 희어지는 조기 백발은 두피 백반증뿐 아니라 갑상샘 기능 항진증 또는 기능 저하증, 악성빈혈, 당뇨병 등이 원인이 되어 나타날 수도 있다. 원형탈모증이 회복된 후 다시 자라는 모발이나 대상포진 등 염증 질환을 앓고 난 후에도 백모가 발생하기도 한다.

백발화 현상은 공포나 심한 충격, 질병, 약물, 비타민A와 철분 부족, 정신적인 스트레스로 쉽게 백발화가 된다고 한다. 따라서 고른 영양섭취와 정신의 안정을 유지시키면 백발화의 진행을 어느 정도는 억제할 수 있다.

(2) 백모 주의와 대책

백모가 발생한 모낭은 머리카락을 검게 만드는 멜라닌 색소 형성에 필요한 티로시나제라는 효소의 활성도가 감소돼 있으며 검은 머리카락에서 발견된다. 또 멜라닌 세포가 완전히 없어져 버리기보다는 시들어진 상태로 모낭 내에 존재하므로 어떠한 자극이나 치료에 의해 다시 검어질 수 있다. 백모에 대한 약물요법은 일반적으로 알려져 있지 않다. 혈액의 흐름, 국소 요법으로서 국부의 마사지는 혈액의 흐름을 개선하기 때문에 효과가 있지만 확실한 것은 아니다. 또한 백발에 유성 헤어로션, 헤어크림 등으로 도포하면 빛의 반사로 백발을 흑색으로 보이도록 하는 일시적 효과는 있지만, 본질적으로는 염색을 해야 한다. 백모는 유전이나 스트레스가 원인이기 때문에 효과적인 예방법도 없다. 그러나 두피를 자주 만져 혈액 순환을 원활하게 하고, 머릿결을 부드럽게 관리하면 예방에 어느 정도 도움이 된다. 아울러 스트레스는 즉시 해소하고 해조류나 칼슘이 많은 음식, 로얄젤리 등이 좋다. 스트레스를 비롯한 여러 가지 원인으로 멜라닌 색소가 일시적으로 감소해서 백발이 생길 수 있다. 그러나 이런 경우 시간은 오래 걸리지만 내복약이나 파장이 긴 자외선을 쪼이는 치료를 하면 나을 수 있다.

> 노화로 인한 백모는 대책이 없다.
> 유전자에 의한 것이라면 유전자 치료에 기대할 수 밖에 없다.
> 원인 질환(갑상선기능항진 · 저하증 및 악성빈혈, 당뇨병 등의 질환)을 치료해야 한다.

(3) 예방

40세 이전의 흰머리는 유전에 의해 나타나는 경우가 많으며, 정신적 스트레스가 혈액 순환을 나쁘게 해 모근에 영양 공급이 차단되어 생기기도 한다. 또한 갑상샘 등 내분비계통에 병이 있거나 백반증, 골다공증 등이 있는 경우에도 머리카락이 희어지며, 특히 머리 일부분에 흰머리가 집중적으로 날 때는 특정 질병과 관련이 있을 가능성이 높다. 그리고 질환 중에서도 흰머리를 나게 하는 것이 있다. 예컨대 갑상선 질환은 일반적으로 멜라닌을 생성하는 세포의 기능을 떨어뜨리며 호르몬을 분비하는 뇌하수체가 고장이 나도 호르몬 생성에 불균형이 생겨 백모가 생길 수 있다. 이 밖에도 당뇨병에 걸리거나 영양실조, 비타민의 결핍 등도 멜라닌 세포 기능에 혼란을 준다. 악성 빈혈에 걸리면 비타민 B_{12}가 결핍되고 그 결과 멜라닌 세포의 기능이 떨어져 백발이 생긴다는 사실이 최근 속속 밝혀지고 있다. 드물게는 태어나면서부터 온몸의 색소가 결여되어서 생기는 병이 있다. 그런 경우 모발의 일부에 흰머리 집단이 뚜렷하게 보이는데 이는 모반의 일종일 수도 있다. 또 선천적인 백발은 선천적 백피증(白皮症)과 관련이 있다. 이런 사람들의 모발은 물론 피부나 눈 밑의 멜라닌 색소도 합성이 안되어 부분적으로 투명한 피부를 지닌다. 또한 후천성 백모라는 질병이 있는데, 이것은 두부에 백반증이 생겨 그 부분의 머리카락이 희게 된다. 이 경우의 치료법은 백반증과 같다.

- 두피를 자극하여 혈액 순환을 왕성하게 해주면 멜라닌 세포의 활동이 활성화되고 색소세포의 노화를 지연시킬 수 있다.
- 지나친 흡연이나 음주는 두피의 모세혈관을 위축시키고 이로 인해 영양 공급을 받지 못하게 되면 멜라닌 세포의 기능이 떨어지게 된다.
- 두피를 끝이 뭉툭한 브러시로 가볍게 두드려주거나 잘 빗어 두피 순환을 촉진하고 두피에 좋은 영양제를 이용하여 마사지를 해서 백모를 예방할 수 있다.

(4) 백모현상

① 알비노(Albinos, 백색 · 백피증 남자)

색소를 형성시킬 수 있는 능력은 유전적인 요인으로 색소 결핍증인 사람에게는 색소를 형성시키는 효소의 생성 능력이 없으므로 어떠한 색소도 만들어 내지 못한다. 즉, 알비노 현상은 주로 남성에게서 나타나며, 여성에게는 모발색의 강도와 색상은 각기 모발에서 발견되는 색소의 양에 따라 다르다.

② 알비니즘(Albinism, 백색 · 백피증)

심각한 결과를 초래하는 유전결합의 대표적인 예로서 이 병은 티로시나아제(tyrosinase)효소의 결핍으로 피부나 눈의 검은 색소인 멜라닌이 형성되지 않는다. 멜라닌은 멜라노사이트(melanocyte)에 있는 티로신(tyrosine)으로부터 생성되는 것으로 즉 멜라닌 전구물질의 완전한 결여에 의해 피부, 모발, 눈의 선천적 색소결손이 생긴다. 증상은 신체의 전신 또는 부분적으로 일어나며 햇빛에 민감한 반응을 보일 뿐만 아니라 피부암이나 화상 등이 유발되기도 하며 시력도 나빠질 수 있다.

③ 카니시(Canities, 백모증)

모발의 색상이 전체 또는 부분적으로 회색 내지 백색의 군집을 이루는 백모증이다.

④ 노인성 백모

노인성 흰머리는 모근의 멜라닌 세포에 존재하는 티로시나아제라는 효소 활성도의 점차적인 감소로 인한 모발의 노화 현상 중 한가지로 나타난다. 흰머리가 많고 적다는 것에는 개인차가 있고 유전관계도 있으나 남녀 및 종족간의 차이는 없다. 노인성 흰머리는 대개 40~50대에 나타나기 시작하지만 20~30대 초반에 나타날 수도 있으며, 모발에 이어 코털, 눈썹, 속눈썹의 순서로 나타난다. 일반적으로 옆머리에 먼저 나타나고 두정부나 앞머리, 뒷머리 순서로 흰머리가 나타나기 시작해 서서히 전체의 모발에 나타나게 된다. 나중에는 수염 및 체부의 털들도 흰색으로 변한다. 그러나 겨드랑이, 음부, 가슴에 있는 털은 나이가 들더라도 검게 남아 있는 경우가 많다. 노인성 흰머리는 탈모 현상과는 밀접한 관계는 없으며, 특별한 치료법은 아직 없는 상태이다.

⑤ 장년성 백모

흔히 '새치' 라 불리는 것으로 장년기에 뒤쪽 머리나 옆머리 등에 드물게 흰머리가 나타나게 된다. 이러한 장년성 백발은 상염색체 우성으로 유전될 수 있으며, Werne' s 증후군, 조로증과 같은 조발연령증후군과 연관되어 나타날 수 있으나 원인은 잘 알려지지 않고 있다. 최근 보고에 의하면 새치와 골조송증과의 관계를 주장하기도 하며, 치료법은 특별히 없지만 양모제를 바르면 도움이 되기도 한다.

⑥ 후천성 백모

피부에 흰 반점이 생기는 병인 심상성 백반이 두부에 발생하면 그 부분의 모발은 백발이 나타날 수 있는데 백반증 환자의 약10~50% 에서 나타날 수 있다. 이 경우의 치료는 심상성 백반과 같다. 이 밖에도 철분, 아연 및 영양결핍, 악성빈혈, 궤양성대장염, 괴사성 장염 등의 질환이 있을 때에도 모발의 색소가 감소하여 흰머리로 나타날 수 있다. 또한 원형 탈모증의 한 증상으로 모발의 갑작스런 탈색으로 흰머리가 나타날 수 있으며 정확한 생리학적 기전은 밝혀지지 않고 있다. 이때에는 모발의 재생 시에도 멜라닌 세포가 전혀 나타나지 않는 백발로 나타날 수 있으며 점차 검게 된다.

⑦ 약물 및 화학물질에 의한 백모

병리적으로 흰머리는 원형 탈모증, 두부 백선증, 백반증, 내과 질환이나 약물 복용 이상 등을 들 수 있는데 이런 경우는 병회복과 함께 회복이 된다. 광견병의 경우는 가마 가운데 백모가 하나 있는 경우가 많다고 한다. 클로로킨(chloroquin), 하이드록시 클로로킨(hydroxy chloroquin)이 백모를 유발할 수 있으며, 그 밖에도 멜프헤네신(melphenesin), 트리파라놀(triparanol), 벨프로인산(valporic acid) 등의 약물에 의해서도 모발색조의 감소를 일으킬 수 있다고 한다.

2. 모낭과 관련된 질환

(1) 모낭염(Folliculitis)

모낭염은 표재성 모낭염과 심재성 모낭염이 있다. 표재성 모낭염은 작은 농포가 모공 개구부에 발생하며 가렵고 통증이 있으나, 치료를 했을 때 반흔형성 없이 치유된다. 심재성 모낭염은 깊고 더 큰 농양과 연결되어 있다. 코털을 뽑거나 겨드랑이 털의 면도, 턱수염의 모류 반대 방향으로 면도함으로써 발생한다. 이때는 점차 심부로 확대되어 절종증을 일으키거나 반흔과 탈모를 일으키게 된다.

(2) 독발성 모낭염(Folliculitis decalvans)

모낭의 염증 반응으로 침범된 부위에 탈모증을 일으킨다. 반흔 탈모증으로서 모공 주위에 작은 농포, 홍반 등 함몰된 반흔을 보이며, 두피 뿐 아니라 신체의 다른 부위에도 발생한다. 항생제 복용과 도포로써 감염을 제거하며 부신겉질 호르몬제의 국소도포로 증상이 완화된다.

(3) 농양성 천굴성 두부 모낭 주위염

많은 모공과 모공 주위의 염증 반응으로 결절을 형성하는 두피의 드문 만성 염증성 질환이다. 켈로이드 형성과 탈모가 있는 반흔이 나타나지만, 주위의 이물에 대한 조직이 반응 때문에 농양이 형성된다. 대개의 염증 반응은 켈로이드성 여드름과 유사하며, 항생제 복용과 부신겉질 호르몬제 투여로 증상이 완화된다.

(4) 천공성 모낭염(Perforating folliculitis)

상지의 신축부, 둔부, 대퇴부를 침범하는 직경 2~8mm로 무증상의 홍색 모공성 구진이며, 모낭 구진에서 작은 흰색 각전을 제거하여 작은 출혈 분화구가 남게 된다. 치료로서 비타민A, 국소 부신겉질 호르몬제를 사용하지만 만족할 만한 효과는 없다.

(5) 모낭각화증(Keratosis follicularis)

모공 내에 각질 원추체를 형성하며 제거했을 때 함몰과 소용돌이 반점을 이루기도 한다. 하지, 두부, 경부에 호발하며 특히 하지에서 사마귀 형태로 나타난다. 매일 비타민 E와 비타민 A복용으로 많은 치유를 보인 예가 있다.

(6) Menkes dinky hair 증후군

장으로부터 구리흡수장애로 근육, 신경, 피부 및 여러 대사에 이상을 초래한다. 출생 시는 정상적인 모발 형태이나 곧 연약해지고 탈색되어 광택이 소실된다. 현미경으로 관찰하면 염전모(pilitorti), 연주모(monilethrix), 결절성 열모증(trichorrhexis nodosa)이 관찰된다.

(7) 안면 모낭성 홍색흑피증(Erythromelanosis follicularis faciei)

홍반의 색소침착 적갈색의 경계가 뚜렷한 대칭적 변색이 전이개(preauricle)와 악골 부위에 나타나며 때로 얼룩 같은 색소 침착이 남으며 모낭성 홍반이 동반된다.

Chapter 9 모발 및 두피 관리

1. 모발의 회복과 관리
2. 두피 유형과 관리방법
3. 두피 마사지
4. 두피와 모발을 위한 관리요법
5. 모발 · 두피 관리를 위한 고객 상담

1. 모발의 회복과 관리

모발에는 자기 회복력이 없으므로 정상모는 손상되지 않도록 또는 손상모는 그 이상 진행되지 않도록 끊임없이 외부로부터 보호하는 것이 중요하다. 이와 같은 목적으로 사용되고 있는 것이 트리트먼트(treatment)제이다. 트리트먼트제의 중요한 성분은 수분과 유분이다. 수분은 모피질 중에 혼합되어 모발을 윤기나게 하고 모발의 움직임에 유연성을 준다. 유분은 모표피에 유막을 만들어 광택을 주어 마찰을 감소시키고 모표피의 손상을 막아준다.

1) 손상모의 회복

(1) 모표피의 유막 형성

유성 원료를 정제한 것으로 계면활성제로 유화한 것을 모발에 도포하여 모표피의 마찰을 적게 해서 외부로부터 물리적 손상 방지, 광택, 감촉을 좋게 해준다.

(2) 모표피의 수지막 형성

수지의 피막으로 모표피를 덮고 열과 마찰로부터 모발을 보호하고, 모발에 광택을 준다.

(3) 모피질로부터 유출된 간충 물질의 보급

간충 물질과 유사한 성분인 단백질, 가수 분해물, 보온 효과가 있는 아미노산, 식물 유출액 등을 모피질에 보급하여 유연성 있는 모발로 회복시켜준다.

2) 트리트먼트

퍼머넌트나 염색 등의 화학적인 작용으로 인해 모발의 간충 물질이 빠져나가 다공성이 된 모발은 탄력과 윤기가 없다. 모발은 한번 손상되면 회복되기가 어려우며 그대로 방치해 두면 더욱 손상되어 갈라지거나 끊어진다. 따라서 무엇보다도 손상 요인에 노출되기 이전에 주의하는 것이 중요하다.

(1) 트리트먼트란

트리트먼트는 치유, 치료라는 뜻으로 손상된 모발, 두피를 정상화시키는 미용법이다. 즉 모발의 손상된 부분을 수분이나 유분을 공급하여 채워주고 지모나 절모 등의 모발 손상이나 비듬과 같은 현상을 방지해주는 것을 모두 포함하는 의미로 받아들여지고 있다. 모발의 변화는 일시적인 현상이 아니라 지속적으로 일어나고 있는 변화이기 때문에 트리트먼트의 개념도 일시적인 치유가 아닌 지속적인 관리의 개념이 되어야 한다.

(2) 트리트먼트의 조건

1. 모발을 유연하게 하며 빗질이 잘되게 하여야 한다.
2. 모발 내부의 손상된 케라틴을 복구하고 회복하는 기능이 있어야 한다.
3. 정전기 발생을 방지하고 회복하는 기능이 있어야 한다.
4. 모발에 일정한 수분을 유지해주어야 한다.
5. 모발의 표면을 보호하며 윤기를 주어야 한다.
6. 모발의 물리적인 특성을 강화시켜주어야 한다.

(3) 트리트먼트의 종류

① 크림 타입

가장 많이 사용하는 타입으로 일부 제품을 제외하면 모두 헹구어 내는 타입이다. 유분과 수분의 함량에 따라 W/O형과 O/W형이 있고 두 가지 모두 컨디셔닝 효과는 비슷하나 O/W형은 가벼우면서도 개운한 사용감이 있고, W/O형은 씻어낸 후 광택이나 윤기가 강하게 남아 있다는 장점이 있다.

② 유액 타입

크림보다 약간 더 묽은 형태로 모발에 균일하게 도포 되고 흡수력도 매우 좋다.

③ 액상 타입

연약한 모발에 힘이나 탄력을 주기 위해 폴리펩티드를 고농도로 배합한 것으로 건조하여 광택이 없는 모발에 유분을 공급한다. 샴푸 후나 펌, 염색의 전처리용으로 사용하는 것이 많으며 1회용 앰플 용기로 이루어져 있는 것이 대부분이다.

④ 스프레이 타입

사용이 간편하고 특별히 씻어내지 않아도 되며 끈적임이 덜하고 청량감을 주는 형태이다. 주로 드라이를 사용하게 되는 단계에서 모발에 뿌리고 마무리하는 용도로 사용한다. 과도한 드라이에 의한 열이나 빗질 시 생길 수 있는 마찰을 최대한 줄여 주어 모발을 보호하는 목적으로 사용한다.

(4) 트리트먼트의 구성 성분

① 대전 방지제

대표적인 것으로 양이온 계면활성제나 양이온성 고분자화합물 등이 있다. 이들은 모발 케라틴 단백질과 친화력이 강하여 모발이 (−)로 대전한 곳에 흡착하여 정전기를 방지한다. 또한 모발을 부드럽게 하고 윤기를 준다. 건강한 모발보다는 손상모에 잘 흡착하고 온도가 높을수록 잘 흡착한다.

② 유지류

모발 표면에 유성의 피막으로 덮어 수분의 증발, 건조를 막고 광택을 준다(라놀린, 밍크오일, 콜레스테롤, 올리브유, 동백유, 밀랍, 피마자유, 스테아르산, 스쿠알렌). 실리콘 또한 모발을 부드럽게 하고 광택을 준다.

③ 습윤제

모발의 수분을 지니도록 하여 부드러운 느낌과 촉촉한 느낌을 주는 목적으로 사용한다(글리세린, 프로필렌글리콜, 솔비톨).

④ 모질 개량제

모발에 흡착되거나 침투하여 손상 부위의 수정이나 연모에 힘을 주거나(폴리펩티드, 합성수지) 경모에 부드러움을 줌과 동시에(양이온 계면활성제, 티오글리콜산염) 손상으로부터 보호해주는 역할을 한다.

⑤ 계면활성제

물과 기름 성분을 유화시켜 유액 또는 크림상으로 만들거나 가용화하여 침투상으로 할 목적으로 사용하고 있다. 4급 암모늄기가 결합된 양이온성 계면활성제가 주로 사용된다.

⑥ 기타

가수분해 단백질, 비타민, 비듬, 가려움 방지제(징크피리티온, 멘톨), 자외선 흡수제 등을 혼합할 수도 있다.

■ 린스, 컨디셔너, 트리트먼트의 차이점

린스 (Rinse)	샴푸 과정에 쌓여 나가는 지질, 보습성분 등과 같은 모발 보호 성분을 보충한다. 모발 표면을 부드럽고 매끄럽게 하여 엉킴과 늘어짐을 방지
컨디셔너 (Conditioner)	모발을 건강한 상태로 유지한다. 린스보다는 집중적으로 영양 성분을 공급한다. 씻어내는 타입(rine type)과 씻어내지 않는 타입(no-rinse type)으로 구분한다.
트리트먼트 (Treatment)	효과와 사용법 면에서 컨디셔너와 유사함. 손상모 또는 극손상모를 대상으로 모발 보호성분의 함량이 높고 지속력이 좋다. 충분한 영양공급으로 모발에 윤기를 주고, 손상된 모피를 부드럽게 감싸준다.

(5) 모발의 구조와 트리트먼트의 효과

트리트먼트의 효과는 활성화 용액을 모근 부위에 침투시키는 방법과 모간 부위에 작용시키는 방법 등이 있다. 모간 부위에 작용하는 헤어 트리트먼트는 대전 방지제와 모질개량세, 습윤제 등을 포함하는 성분으로 수분 공급, 영양공급, 코팅효과를 볼 수 있다. 두피와 진피부 또는 혈관부, 모근부에 작용시키는 제품으로 나눌 수 있다. 두피와 진피부에는 녹차나 인삼추출물 같은 천연 성분을 사용한다. 모근 부위의 두피 강화, 두피 청량, 보습이나 각질 강화 및 살균 등의 효과를 목적으로 하며, 가용성 시스틴 타입이나 D 판테놀 성분을 함유한 제품 등으로 모낭의 에너지 대사를 활성화시킨다. 또 두피나 혈관 부위에는 영양공급, 혈류 개선, 혈행 촉진, 피지 분비 조절 등을 목적으로 주로 비타민B 등이 함유된 초산 토코페롤 성분 등을 이용한다.

(6) 트리트먼트용 도구 및 기기

트리트먼트의 효과를 높이기 위해서 스팀기, 광선처리기, 이온도입기, 고주파주류기, 진동마사지기등 보조기구를 사용한다.

① 두피 스켈링(두피 클렌징)

각질 및 산화된 피지, 비듬, 노폐물을 제거하여 두피를 깨끗하고 제품이 침투하기 용이한 모공 상태를 만든다. 손마사지처럼 두피 내의 혈액순환을 촉진하고 두피에 영양분을 공급하여 신진대화를 활성화시키는 효과가 있다.

② 헤어 스티머

따뜻한 수증기(steam)가 모발과 두피에 수분을 공급함과 동시에 모공을 열어 스케일링액의 유효한 성분들이 두피에 흡수되어 각질들이 쉽게 제거될 수 있게 해준다. 두피의 오래된 각질 및 이물질 등을 부드럽게 연화시켜 샴푸시 쉽게 하기 위해 사용된다.

③ 스칼프 펀치

맥동수류 발생장치로 1분당 1800회의 파동을 주어 두피나 모공의 노폐물을 효과적으로 제거하여 두피를 청결하고 건강한 상태로 만들어 준다.

④ 뷰티콤

테슬러 전류라는 자광선으로 근육의 수축 없이 온열 또는 고열을 발생시킨다. 이 전류기는 유리 전극을 통과할 때 미세한 자색섬광을 발생시켜 살균, 소독, 진정효과가 나타나고 두피의 미세순환 개선, 모세혈관 자극, 비듬제거, 두피의 세포조직 강화에 효과가 있다.

⑤ 광선기

자외선과 직외선을 이용한방법으로 적외선은 일반적인 열관리나 긴장감이나 통증을 풀어 주기 위한 국부 관련에 주로 사용되며 제품이 피부에 잘 흡수되도록 한다. 열관리시에 혈액의 유입 증가로 직접적인 혈관확장의 효과가 있다. 자외선은 공기 중의 산소와 결합하여 오존이 발생함으로 강한 광화 작용이 일어난다. 살균효과가 뛰어나며 세포에 산소를 공급해주어 세포의 재생을 촉진하게 된다. 고주파나 저주파로 두피에 진동을 주어 혈액순환을 촉진한다.

2. 두피 유형과 관리방법

두피는 같은 피부라도 얼굴과 틀려서 약 10만 개의 두발이 마치 숲속의 나무들처럼 밀집되어 있다. 노화각질이나 분비된 피지 땀의 성분 등 두피의 더러움이 마치 나뭇잎이 떨어져 퇴비가 되듯 발효와 같은 현상을 일으킨다. 이러한 것들이 모공을 막아버리면 피부 호흡이 방해 되어 두피의 생리기능이 저해된다. 또한 두피의 혈액순환이 원활하지 못하면 모근이 충분한 영양을 공급받지 못해 모발 성장이 약화되어 모발이 빠지거나 비듬이 생기는 원인이 된다. 그러므로 어떤 경우든 모발의 기초 손질로서 두피 손질이 반드시 필요하다. 특히 건조하고 거친 모발인 경우에 두피 세정과 두피 마사지고, 두피를 직접 자극하여 혈액순환을 돕게 되면 두피의 모유두에 있는 혈관이 산소를 원활히 운반하고 노폐물을 배출시키므로 모근에 충분한 영양이 공급되어 모발을 건강하게 한다. 두피의 상태는 사람마다 일정하지 않으므로 두피 상태에 따라 조치가 필요하며 시술 전에는 일반 삼푸만으로 제거하기 어려운 노폐물을 완전하세 제거하고 펌, 염색, 탈색 전에 두피에 상처가 있을 때는 시술하지 않는다.

1) 두피 유형별 특징과 관리방법

(1) 정상 두피

두피의 특징	청백색을 띠며 맑고 투명하다. 적당한 지방막으로 싸여 있으며 정상적인 각화작용을 한다. 한 모공에 모발이 2~3개정도 있다. 모발의 굵기가 일정다.
모발과 모공의 상태	모발은 큐티클이 완전히 닫혀 있으며, 매끄럽고 윤기가 나며 이물질이 전혀 없는 상태이고, 모공은 입구가 마치 구멍이 뚫린 것처럼 오목하게 파여 열려 있다.
관리방법	모발의 상태에 따라 관리를 하고 현재의 상태를 유지하면서 영양을 공급해준다.

(2) 지성 두피

두피의 특징	두피에 피지 분비가 과도해 기름기가 흐르고, 비듬과 각질이 피지와 엉켜있다.
모발과 모공의 상태	두피와 모발이 청결하지 못하고 피지 덩어리가 붙어 있으며 피지 산화물로 인한 불쾌한 냄새가 난다. 노화 각질과 피지 분비물이 모공을 막고 있어 피지가 모낭 안에 머물러 염증을 유발하거나 모근에 탈모의 위험성을 많이 안고 있다.
관리방법	두피의 청결을 유지하고 피지 분비를 조절하도록 트리트먼트를 하고 가능한 두피를 자극하지 않도록 한다. 스트레스나 음식으로 인한 두피 자극을 피하고 적절한 삼푸와 특수 관리를 병행하여 문제 해결과 예방을 해야 한다. 또한 지성용 삼푸를 사용하여 아침, 저녁으로 2회 샴푸 하도록 한다.

(3) 건성 두피

두피의 특징	노화 각질이 두텁게 쌓여 두피가 탁해 보이며 유·수분 공급이 원활하지 않다. 각질이 하얗게 쌓여 있고 두피가 불규칙하게 갈라진다.
모발과 모공의 상태	모발에도 건조한 각질이 붙어 있고 피지 분비가 제대로 일어나지 않아 부석거리고 탄력이 없다. 노화 각질이 모공을 막고 있어 영양공급에 장애가 된다.
관리방법	오래된 각질 및 비듬의 제거와 두피의 수분과 영양공급이 원활하게 이루어지도록 마사지 및 두피를 자극하는 특수 관리를 병행하고 건성용 샴푸를 사용한다.

(4) 예민성 두피

두피의 특징	전체적으로 두피톤이 붉으며 부분적으로 모세혈관 확장과 혈액순환 저하에 의해 나타난다. 부분적으로 염증이 보인다.
모발과 모공의 상태	피지 덩어리과 노화 각질이 모공을 막고 있다.
관리방법	두피의 청결과 세균번식의 억제 및 예방에 주력하고 두피의 과민반응을 막도록 한다.

(5) 탈모성 두피

두피의 특징	두피가 가렵고 피지 분비가 과도하며 비듬이 많아지고 점차적으로 두피가 딱딱해지고 광택을 띄게 된다.
모발과 모공의 상태	모발은 짧은 신생모가 많으며 가늘고 탄력이 없고, 오래된 각질이 많고 비듬과 과다한 피지가 모공을 막고 있다.
관리방법	모근부의 영양공습과 혈액순환 및 스트레스 해소에 초점을 두고 모발 재생을 위한 특수 관리를 병행한다.

3. 두피 마사지

(1) 경찰법(Effleurage stroking)

손비닥, 네 손가락, 엄지손가락 등을 이용하여 가볍게 문지른다.

(2) 강찰법(Friction)

두피를 누르면서 강하게 문지른다.

(3) 유연법(Kneqding)

손바닥을 전체적으로 사용하고 약지와 검지를 이용하여 근육을 주물러서 풀어준다.

(4) 진동법(Vibration)

피부와 하부조직에 진동을 전달한다.

(5) 고타법(Percussion)

- 탑핑(tapping): 손바닥의 바닥 부분을 이용하여 두드린다.
- 슬래핑(slapping): 손바닥으로 두드린다.
- 컵핑(cupping): 손바닥으로 컵 상태를 만들고 구부리고 두드린다.
- 해킹(hacking): 벌린 손바닥의 새끼손가락 측면으로 가볍게 두드린다.
- 비팅(beating): 주먹으로 두드린다.

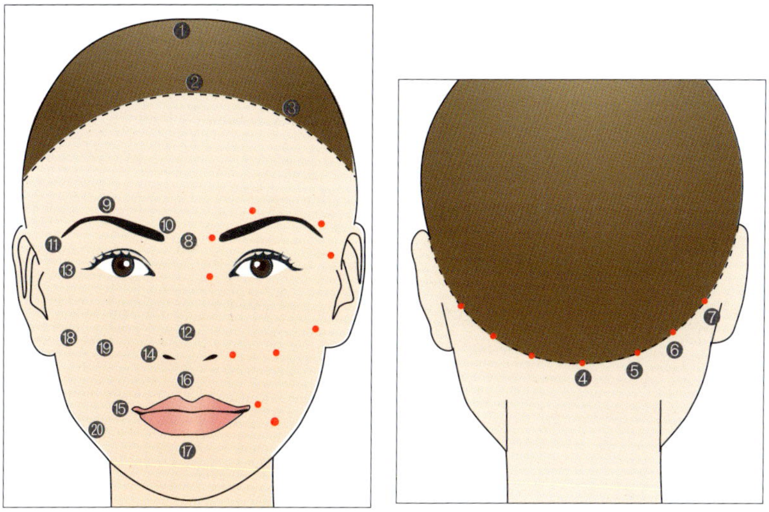

[두피 마사지에 필요한 머리와 얼굴의 주요 경혈점]

❶ **백회:** 머리의 정수리에 위치하며 양쪽 귀의 윗 부분을 연결하여 수직으로 머리의 중앙에서 만나는시점

❷ **상성:** 이마의 중앙에 머리가 난 곳으로부터 약 1.5cm 올라간 곳

❸ **두유:** 이마의 양 모서리 머리가 난 각진 부위에서 약 1cm 올라간 곳

❹ **아문(연수):** 뒷머리 중앙의 머리가 나기 시작하는 부위의 오목한 곳

❺ **천주:** 뒷머리의 아문과 풍지 중간에 위치

❻ **풍지:** 뒷머리의 아문과 완골 중간에 위치

❼ **완골:** 귀 뒤의 불룩하게 튀어 나온 뼈 뒤의 약간오목한 곳

❽ **인당:** 양 눈썹 끝을 가로로 연결한 선의 얼굴 중앙 부위

❾ **어요:** 눈동자를 정면으로 바라보았을 때 동공의 중앙에서 수직으로 올라가 눈썹에서 만나는 점

❿ **찬죽:** 눈썹의 앞머리 시작점

⓫ **사죽공:** 눈썹 바깥쪽 끝의 약간 들어간 부위

⓬ **정명:** 눈의 안쪽 약간 들어간 부위

⓭ **태양:** 눈과 눈썹의 바깥쪽을 연결한 중앙 부위에서바깥으로 약 1.5cm 부위

⓮ **영향:** 코의 양 옆 주름있는 부위의 중앙

⓯ **지창:** 입을 다문 상태에서 입 양 옆의 약간 들어간 곳, 얼굴의 지압점, 머리의 지압점

⓰ **인중:** 코 아래 중앙에서 입술 시작까지 1/3지점 부위

⓱ **승장:** 입술 바로 아래 턱 부위의 중앙선상에서 약간 들어간 부위

⓲ **하관:** 귀 앞에서 코 쪽으로 약 1.5cm부위의 약간 들어간 곳.

⓳ **거료:** 광대뼈 바로 아랫부분

⓴ **대명:** 입술 끝의 지창과 아래 턱을 연결한 중간 지점

Chapter 9

4. 두피와 모발을 위한 관리요법

1) 식이 요법

(1) 지방

동물성 기름의 포화지방산 대신 식물성 기름의 불포화 지방산을 섭취한다(참기름, 올리브유, 땅콩기름).

(2) 단백질

생선, 닭의 살코기 부분, 순수한 동물성 단백질이나 콩류의 식물성 단백질을 섭취한다.

(3) 탄수화물

과일, 채소, 콩류 같은 복합 식물성 탄수화물을 섭취한다. 감자, 밀가루, 쌀밥은 섭취 후 바로 당분으로 전환한다.

(4) 식이 요법

1. 인공적으로 가공된 음식보다는 자연 상태 그대로의 음식을 섭취하는 것이 좋다.
2. 소금 섭취를 줄이면 혈당치도 줄어들게 된다.
3. 적당한 운동을 한다.
4. 스트레스를 줄인다.
5. 술, 담배, 카페인의 사용을 줄이고 동물성 지방과 인슐린 분비를 경계하는 것이 좋다.

2) 자연 요법

(1) 검은콩

신진대사 활성화, 수분과 지방이 원활한 배출 효과, 해독 작용, 활성 산소 억제, 혈액 순환 원활, 모발 성장을 촉진한다.

(2) 동물의 간과 등푸른 생선

비타민 A, B와 단백질 · 철 · 구리 · 인 · 칼슘의 무기질 풍부하며, 모발 건조를 막고 성장을 도와준다.

(3) 다시마와 미역

섬유질과 알칼리도가 높다. 인체의 면역성 강화, 노폐물 배출, 딱딱한 두피를 부드럽게 해주고 혈액순환을 촉진하여 탈모를 예방한다.

(4) 당근

강력한 황산화 작용을 발휘하여 세포손상과 두피건조를 막는다.

(5) 시금치

식이 섬유, 엽산이 풍부히 머리조직을 유지하는데 필수적이다.

3) 아로마 테라피

아로마는 특정한 방향성 식물의 뿌리, 줄기, 잎, 나무의 액에서 추출한 휘발성 있는 정유를 말한다. 아로마 테라피는 에센셜오일(essential oil)을 사용해서 우리의 신체를 건강하고 아름답게 만드는 방법을 의미한다. 고대의 사람들은 식물을 태울 때 나오는 연기의 유익한 효과와 식물에서 추출한 에센셜 오일로 신체와 영혼을 변화시키려고 했다. 에센셜 오일은 육체적, 에너지적, 심리적 그리고 영적인 차원에서 치유의 효과가 있다. 모발과 두피에 유용한 아로마를 살펴보면 다음과 같다.

(1) 사이프레스

수렴, 방취, 지성 두피나 비듬에 효과적이다.

(2) 유칼립투스

강한 방부 효과가 탁월하여 과다한 피지를 막아주며, 두피가 오염된 상태일 때 오염되지 않은 상태로 만들어준다.

(3) 라벤더

모든 유형의 두피에 다 사용하며 가려움증을 해소하여 여드름과 지성 모발에 효과적이다.

라벤더

(4) 레몬

수렴 효과와 항 박테리아, 방부의 효과가 있다. 또한 두피 세정 세포에 활력을 주어 피지 생산을 감소시키며 두피를 보호해준다.

(5) 페퍼민트

클렌징 효능, 가려움과 비듬 제거, 피부가 모세 혈관의 파괴로 붉어진 것을 완화해준다.

페파민트

(6) 로즈마리

세포 재생 촉진으로 탈모 두피에 효과적, 피지 분비 조절 항 박테리아 효능으로 비듬 관리에 효과적이다.

로즈마리

Chapter 9

(7) 샌달우드

가려움증과 뾰루지 관리에 사용, 헤어 오일, 샴푸, 린스에 첨가하여 사용하면 건성 모발에 윤기와 부드러움을 부여한다.

(8) 티트리

살균, 독소 배출, 항 박테리아 효능, 샴푸 · 린스에 첨가하면 세정 효과가 있다.

(9) 타임

강한 방부, 항 박테리아 효능과 샴푸 · 린스에 첨가하면 두피가 활성되어 탈모 방지 효과가 있다.

(10) 일랑일랑

피지 분비량 분비 균형과 두피를 부드럽게 하여 새로운 세포 성장을 촉진시킨다. 반드시 적은 양을 사용한다.

(11) 씨더우드

정상 두피에 방부, 수렴 효과, 세정 효과로 지성 모발과 비듬에 효과적이다. 특히 가려움에 효과적이다.

씨더우드

(12) 클레리 세이지

에스트로겐과 유사한 식물성 호르몬이 있으며 방취 효과, 두피의 과다한 피지 분비 조절, 비듬 제거에 효과적이다.

(13) 제라늄

림프계, 순환계의 활동을 촉진하여 노폐물을 제거하며, 피지량을 조절해주어 심한 지성 관리에 특히 뛰어난 효과적이다.

5. 모발 · 두피 관리를 위한 고객 상담

1) 모발 · 두피 체크

머리카락의 구조층 가운데 모표피는 머릿결, 모발의 윤기, 모발의 감촉과 같은 모발의 건강 상태를 지키는데 제일 중요하다. 따라서 빗질을 잘못하거나 과도한 마찰, 자외선과 같은 물리적인 손상이나 비누나 샴푸, 염색제 같은 화학적인 손상에 의해 파괴될 경우 다음 층인 모발 피질에서 단백질과 수분이 빠져 나와 질감을 나쁘게 하거나, 모발이 부서지거나 끊어지게 된다. 그러므로 모표피를 건강하게 유지하는 것이 아름다운 머리카락을 만드는 가장 중요한 요인이다.

(1) 지성 타입

머리 감은지 3~4시간이 지나면 기름이 끼고 냄새가 난다. 피부에 여드름이 많이 난 경험이 있거나 원래의 피부 타입이 지성이라면 머리카락도 지성 타입에 속한다. 여름에는 하루에 두 번 머리를 감아도 무방하며 적어도 하루에 한 번은 꼭 감아야 한다.

Chapter 9

(2) 건성 타입

이틀 정도 머리를 감지 않아도 기름이 잘 끼지 않으며 머리를 감은 후 지속 상태가 유지된다면 건성 타입이다. 바람이 불 때 따가움을 느끼거나 두피가 당기는 것을 느낄 정도로 예민하다면 확실한 건성이다. 머리 감기는 일주일에 3~4회 정도가 적당하다.

(3) 복합성 타입(두피는 지성, 모발은 건성)

현대의 젊은 여성들에게 가장 흔한 타입으로 두피가 단단해지고 모근에 압박이 가해져 혈액 순환이 제대로 이루어지지 않는다. 따라서 모발에 영양공급이 되지 않는다. 복합성 타입은 두피 마사지를 자주 해서 두피의 혈액 순환을 돕는 것이 좋다. 두피의 기름을 제거해 줄 수 있는 적절한 샴푸를 사용하고, 모발에 영양공급을 해줄 수 있는 단백질 성분이 함유된 헤어 컨디셔너를 사용하면 어느 정도 도움이 될 수 있다.

2) 고객 상담

현대 문명의 발달에 따른 환경오염과 잦은 화학적 시술로 인해 모발은 손상되고 여기에 내적인 스트레스까지 겹쳐 민감한 반응을 보이는 문제성 두피가 증가되고 있다. 이러한 증상이 심화되면 탈모로까지 진행될 수 있어 현대인들에게 심각한 문제로 대두되고 있다. 따라서 이러한 문제점을 해결하기 위해서는 고객과의 대화를 통해 근본적인 문제의 원인을 파악하므로 고객의 욕구(need)를 확실하게 알고 헤어 케어를 할 때 더 만족스럽고 효과적인 결과를 얻을 수 있을 것이다.

(1) 고객 상담의 자세

1. 고객에게 신뢰와 편안함을 줄 수 있어야 한다.
2. 두피와 모발에 대한 전문적인 지식과 전문가적인 분석 능력이 있어야 한다.
3. 전문 관리 제품과 전문기기에 대한 지식과 활용 능력이 있어야 한다.
4. 편안하고 안정된 상태로 마사지할 수 있는 기술과 자세가 필요하다.

(2) 고객 상담의 방법

1. 개인적인 질문이 많으므로 1: 1로 조용한 상담이 이루어지도록 한다.
2. 고객에게 생활 습관, 식사, 건강 상태, 심리 상태 등을 알 수 있는 여러 가지 내용을 질문하여 고객 관리 카드를 작성하고 문제점의 원인을 알아낸다.
3. 모발 진단기를 이용하여 두피와 모발의 상태를 진단하고 고객에게 본인이 상태를 확인시켜주어 만족도와 신뢰도를 높이며 과학적이고 정확한 시술을 한다.
4. 고객에게 조언할 때는 '~는 이렇게 하는 것이 더 좋습니다. ~를 사용하는 것이 더 효과적입니다.' 라는 표현을 사용하는 것이 좋다.
5. 개인 정보 유출에 관계되는 항목이 있으므로 무엇보다도 비밀 유지를 위한 신뢰감 형성이 우선이 되어야 한다.

(3) 진단카드 작성

1. 기본 인적 사항을 기입한다. (성명/주소/전화 번호/휴대 전화 번호/E-mail 등)
2. 나이와 결혼 유무는 두피와 모발 상태 및 생리 현상에 영향을 미친다.
3. 직업(직업의 유형과 근무지의 환경을 두피와 모발 변화의 중요한 원인이다)
4. 그 외 개인적으로 특이한 사항을 작성한다.

- 과거 두피와 모발의 문제점, 치료 사항
- 과거 병력과 현재의 건강 상태, 사용하는 의약품
- 스트레스
- 다이어트 여부
- 운동량
- 알레르기
- 냉. 난방에 대한 노출 정도
- 기호 식품
- 음식 습관(좋아하는 음식 등)
- 자외선 노출 시 예민함 정도
- 생리 주기와 상태

(4) 두피 및 모발관리의 실제

1단계 _ 상담(Consulting)

측정방법을 이용하여 고객의 두피 및 모발 상태를 파악하고 문제를 발견하는 단계이다.

Chapter 9

2단계 _ 진단(Diagnosis)

상담시 자료를 기본으로 첨단 시스템을 이용하여 좀 더 정확한 측정을 하고 고객의 상태에 맞는 프로그램을 결정하는 단계이다.

3단계 _ 클렌징(Scaling)

모든 관리 단계에 앞서 원활한 혈액순화과 영양공습의 효과를 높이기 위하여 두피 및 모발을 청결하게 하는 단계로 딥클렌징제로 먼지와 노폐물을 스켈링하는 단계이다.

4단계 _ 영양공급(Nutrition supply)

두피 및 모발에 물리적 힘을 가하여 생기 기능을 원활하게 유지시키는 단계로 육모제, 앰플, 트리트먼트 등을 사용하여 모모세포의 세포분열을 촉진할 수 있도록 영양공급하는 단계이다.

5단계 _ 특수 관리(Special care)

두피 및 모발 개선을 위해 각각에 맞는 관리방법을 통하여 특별 관리하는 단계로 특별 마사지나 제품을 이용하여 두피와 모발에 탄력을 주는 두피 및 모발 재생단계이다.

Chapter 10 퍼머넌트 웨이브

1. 퍼머넌트 웨이브
2. 퍼머넌트 웨이브제의 분류
3. 퍼머넌트 웨이브의 의 시술 과정에 따른 분류
4. 퍼머넌트 웨이브제에 의한 모발의 변화

1. 퍼머넌트 웨이브(Permanent wave)

1) 퍼머넌트 웨이브의 발전

인류의 생활은 문화의 발전과 변화로 인한 미적 욕구를 충족시키기 위하여 꾸준히 진행되어 왔으며, 두발의 변화는 매우 중요한 위치를 차지하게 되었다. 이로서 인간은 기원전 3000년경 고대 이집트인들의 나일강변의 진흙을 이용하여 나무봉에 머리를 감아 웨이브를 형성하던 것을 필두로 오늘날 화학약품을 이용하여 웨이브를 형성시키는 방법에 이르기까지 많은 변화를 거듭해 왔다. 퍼머넌트는 모발 속에 존재하는 케라틴(kerain)의 화학적 성질 변화를 이용해 웨이브를 형성하는 기법으로 다양한 모발의 종류나 약제의 화학성분을 충분히 이해하고 올바른 시술을 하지 않으면 모발이나 두피의 손상을 가져올 수 있다. 따라서 모발에 아름다운 웨이브를 만들기 위해서 인간의 창조적인 생각과 손에서 나오는 기술이외에도 올바른 퍼머넌트 약제의 선정과 처리방법이 무엇보다 중요하기 때문에 이를 중심으로 살펴보도록 하겠다.

1930년대 진 할로우(Jean Harlow)

근대의 헤어스타일(19세기)

2) 퍼머넌트 웨이브(Permanent wave)란

퍼머넌트 웨이브(permanent wave)는 모발의 성질을 이용하여 환원작용과 산화작용으로 모발의 영구적인 웨이브를 만드는 것을 말한다. 즉 자연 상태의 모발에 물리적, 화학적 방법을 가하여 모발의 구조나 형태를 변화시켜 오랫동안 지속되는 웨이브를 형성시키는 것을 의미한다. 직모에 다양한 크기나 모양의 웨이브를 주어 부드러움과 우아함 또는 여성스러움 등의 분위기를 연출하고, 곱슬머리를 직모로 펴서 찰랑거리는 모발의 순수한 분위기를 가져올 수 있다. 이와 같이 퍼머넌트 웨이브를 통해 모발의 질감(texture)을 변화시킴으로써 커트(cut) 스타일에 따라 모발의 질감을 살릴 수 있는 헤어스타일을 연출할 수 있다. 두부의 골격 형태에 따라 볼륨을 형성해야 하는 부위에 퍼머넌트 웨이브의 시술로 볼륨감을 나타낼 수 있다.

퍼머넌트 웨이브의 목적은

① 헤어스타일을 바꾸기 위해서

② 모발에 웨이브를 주기위해

③ 볼륨을 주고 커트 후 머리스타일을 만들기 위해

④ 머리를 더욱더 손질하기 좋게 하기 위해

⑤ 머리의 재질을 바꾸기 위해서 등으로 정리 할 수 있다.

3) 퍼머넌트 웨이브(permanent wave)의 원리

퍼머넌트 웨이브는 제1제인의 환원작용과 2제인 산화작용으로 이루어지며 원리는 다음과 같다.

(1) 1제의 환원작용

퍼머넌트 웨이브제의 1제는 주로 티오글리콜산과 시스테인을 주성분으로 하는 알칼리제로 모발을 팽윤하고 연화시키며, 환원제 성분 중 수소(H)가 모발에 작용하여 시스틴 결합을 절단시키는 작용을 한다. 즉, |-S-S-| 사이에 수소가 들어가 시스틴 결합이 각각의 시스테인인 |-SH HS-| 식으로 간단하게 끊어지는 환원작용을 한다. 로드에 와인딩 된 모발은 연화되어 로드의 크기와 형태에 의해 팽창되는데, 로드의 안쪽보다 바깥쪽이 더 많이 늘어나게 된다(물리적인 원리). 프로세싱타임 동안에 환원제에 의해 모발의 측쇄결합인 시스틴 결합이 절단되고, 부드러워진 절단된 2개의 시스테인은 로드의 크기와 형태로 쉽게 변화되는 것이다(화학적인 원리).

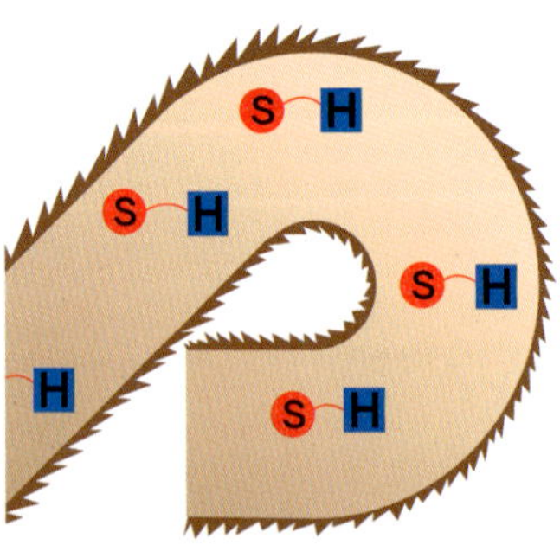

〈환원작용〉

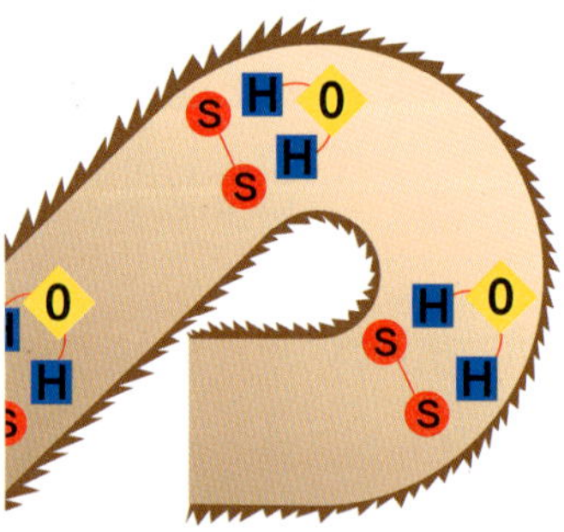

〈산화작용〉

환원작용_ 금속의 산화물로부터 어떤 방법으로 산소를 제거하게 되면 다시 원래의 금속으로 되돌아 간다. 이와 같이 산화와는 반대로 산화물로부터 산소를 제거하는 것을 말한다. 어떤 물질에 수소를 결합시키는 것이다.

산화작용_ 어떤 물질이 산소와 결합하여 다른 물질로 변하는 화학 반응을 말한다. 즉 어떤 물질에 함유된 수소를 빼앗는 것이다.

(2) 2제의 산화작용

퍼머넌트 웨이브제의 2제는 주로 브롬산 나트륨과 과산화수소를 주성분으로 하는 산화제로 환원제에 의해 절단됐던 시스틴 결합을 재결합시키기는 작용을 한다. 산화제 성분 중 산소(O)가 |-SH HS-|의 수소와 결합하기 때문에 다시 시스틴 결합 |-S-S-|이 된다. 시스틴 결합이 절단되어 로드에 와인딩된 모발은 산화제에 의해 재결합되면서 로드의 크기와 형태로 고정되어 퍼머넌트 웨이브가 형성하게 된다. 끊어졌던 시스틴 결합이 다시 연결되기 때문에 모발은 처음의 탄력이 회복되는 것이다. 이와 같이 산소를 부여하는 반응, 혹은 수소를 뺏는 반응을 산화작용라고 한다.

2. 퍼머넌트 웨이브(Permanent wave)제의 분류

1) 퍼머넌트 1제의 종류

(1) 티오글리콜산(Thioglycolic acid) 또는 그 염류가 주성분인 콜드 2욕식 콜드 퍼머넌트제

Chapter 10

현재 사용되고 있는 대부분의 콜드 퍼머넌트 웨이브제로 주성분은 알칼리성 펌용제의 경우 일반적으로 티오글리콜산과 암모니아가 가장 많이 이용되고 있다. 냄새가 적은 무취 타입의 약제에서는 티오글리콜산과 모노에탄올아민이 사용되는 경우가 많고, 산성 퍼머넌트 웨이브제의 경우에는 1제의 pH는 4.0~6.5 정도의 약산성이며, pH의 조정에서는 티오글리콜산, 암모니아, 모노에탄올아민 등의 적당한 알칼리제를 첨가하는 방법과 티오글리콜릭 암모늄이나 티오글리콜산, 모노에탄놀아민에 구연산 등의 유기산을 첨가 시키는 방법 등이 있다. 알칼리제로서는 암모니아, 수산화나트륨, 모노에탄올아민, 트리에탄올아민 등이 사용된다. 1제의 강함을 주고자 할 때는 티오글리콜산으로 환원하는 경우 농도(%), 알칼리, pH로 조정시킬 수 있다.

① 암모니아계의 알칼리성 퍼머넌트 웨이브제

알칼리제로서 암모니아를 사용하는 약제로 모발을 팽윤시키는 작용이 있고, 티오글리콜산 양이나 비율을 조절하여 폭넓은 웨이브를 얻을 수 있다. 이 펌(perm)약제의 장점은 시술 중 암모니아가 휘발하여 약제의 pH가 낮아져 모발에 과잉 작용을 방지하며, 고객의 두피나 시술자의 피부에 알칼리제의 잔류가 적어짐으로 피부 자극이 약해진다. 단점으로는 암모니아 특유의 자극적인 냄새가 난다.

② 아민계의 알칼리성 퍼머넌트 웨이브제

아민계의 알칼리제로서는 모노에탄올아민이 가장 많이 사용되며, 저 pH 웨이브제라 불린다. 장점으로는 비휘발성 알칼리로 자극적인 냄새가 없고, 단점으로는 암모니아와 비교해 모발에 대한 친화성과 잔류성이 높아 과잉작용의 우려가 있어 시술 후 충분히 씻어내는 등 주의가 필요하다. 모노에탄올아민의 장점을 이용하여 암모니아 같은 다른 알칼리와 결합시킨 제품을 만들 수 있다.

③ 암모늄염계의 약 알칼리성 퍼머넌트 웨이브제

암모늄염의 종류로서는 탄산수소암모늄(중탄산암모늄) 또는 인산수소 암모늄으로 불린다. 장점으로는 약알칼리제로 과잉작용의 우려가 없고, 강한 자극적인 냄새가 없으며, 피부자극이 비교적 적다. 단점으로는 모발의 팽윤도가 적어 강한 웨이브나 경모, 컬(curl)이 잘 형성되지 않는 모발에는 물리적인 힘을 이용한 가는 로드(rod)의 사용, 작은 섹션, 텐션(tension)에 세심한 주의를 기울여야 한다.

④ 산성 퍼머넌트 웨이브제

이 약제는 알칼리제가 pH 4.5~5.5로서 전기적 중성의 영역에 있기 때문에 모발은 거의 팽윤하지 않으며, 일반적으로 pH 5.0~6.5전후의 제품이 많다. 장점으로는 모발이 가장 안정한 상태에 있으며, 단점으로는 웨이브 형성력이 매우 약하므로 가는 로드 사용과 얇은 슬라이스(slice), 텐션에 주의를 기울여야만 확실한 웨이브를 얻을 수 있다. 그밖에 팽윤제, 침투제, 계면활성제, 라놀린, 콜레스테아린 등의 양모제, 스쿠알렌, 유지제, 색소, 향료 등을 첨가할 수 있다.

(2) 시스테인(Cysteine)이 주성분인 콜드(cold) 2욕식 퍼머넌트제

일반적으로 시스테인 퍼머넌트라고 불리며, 이 제품이 시판되어 활성화된 것은 1970~1980년 사이이다. 시스테인(cysteine)은 아미노산의 한 종류이며 모발 중에 포함 되어 있는 시스틴(cystine)을 염산으로 가수분해하여 얻어낸 것이다. 이때 시스틴을 환원시키면 시스테인을 얻을 수 있으며 시스테인은 티오글리콜산보다 분자량이 크다. 알칼리제는 모노에타놀아민이나 트리에탄올아민 같은 유기아민이 사용되며, 모발 중에는 보통 시스틴으로서 존재한다. 농도, pH, 알칼리는 시스테인이나 티오글리콜산이 거의 같으나 환원력은 티오글리콜산계 약제보다 약해 웨이브 효과는 20~30%정도 감소된다. 알칼리제 이외의 첨가제로서는 티오글리콜산계와 동일하다. 시스테인 약제의 장점은 자극적 냄새가 적으며, 모발의 팽윤도가 적어 손상도가 적으며, 시술 후 감촉이 부드럽고 웨이브가 자연스럽다. 단점으로는 웨이브 형성력이 약하고, 화학 약품의 구조가 불안정하며, 가격이 비싸다. 농도는 5~7.5%이며, pH는 8.0~9.5로 범위가 매우 좁은 것이 특징이다. 시스테인의 주성분은 염기성 아미노산이기 때문에 휘발성이 있다. 일반적으로 pH는 변화시키기 힘들기 때문에 pH를 높이기 위해서는 알칼리제를 추가 하여야 하며, 알칼리제는 12ml이하로 기존의 퍼머넌트 웨이브제 가운데서 가장 높은 수치로 가온 2욕식은 인정될 수 없다. 웨이브 효과가 약한 것을 보완하기 위해서는 시스테인 농도, pH, 알칼리를 높게 설정할 필요가 있다. 시스테인 퍼머네트 웨이브제의 2제에서는 취소산염을 주성분으로서만 사용될 뿐 과산화수로는 2제로 사용할 수 없다.

(3) 티오글리콜산(Thioglycollic acid) 또는 그 염류가 주성분인 가온 2욕식 퍼머넌트제

환원제를 모발에 도포하고 와인딩한 후 비닐캡을 씌워 스티머나 적외선램프 등으로 가온하는 방식과 플라스틱제나 경질 고무제인 클립을 가열한 후 롤에 모발을 와인딩하여 가온하는 방식 그리고 아이론에 의한 방식 등에 사용되는 퍼머넌트 웨이브제이다. 가온방식 웨이브제는 콜드 2용법 퍼머넌트 웨이브에 비해 티오글리콜산의 농도, pH, 알칼리 수치는 낮게 설정되어 있다. 이는 열에 의한 웨이브의 방치 시간의 초과를 방지하기 위한 처방이다. 콜드 2욕법 퍼머넌트 웨이브와 가온 2욕법 퍼머넌트 웨이브를 비교해보면 주성분의 농도, pH, 알칼리 양이 다르기 때문에 사용 시의 조건은 당연히 달라지나, 1제 및 2제를 모발에 적용할 때의 온도는 60℃이하라고 규정되어 있다. 가온 2욕법 퍼머넌트 웨이브의 2제는 콜드 2욕법 퍼머넌트 웨이브의 2제의 기준과 같다. 취소산염 2제와 과산화수소 2제의 어느 것을 사용해도 된다.

(4) 티오글리콜산(Thioglycollic acid) 또는 그 염류가 주성분인 콜드(cold) 1욕식 퍼머넌트제

이 퍼머넌트 웨이브제는 환원되어 생긴 시스테인을 공기 중의 산소로 서서히 산화시키는 것으로 2제를 사용하지 않은 것이 특징이다. 1제의 주성분으로는 티오글리콜산 또는 그 염류가 사용되며, 티오글리콜산의 농도가 높으면 산화가 불충분해지므로 3.0~3.3%라는 낮은 농도에 기준치가 설정되고, pH는 9.4~9.6의 좁은 범위에 한정되어 있다. 또한 알칼리제도 3.5~4.6mℓ로 한정되어 있다. 일반적으로 웨이브의 효과가 약하므로 와인딩 시 가는 로드를 사용하여야 하며, 시간이 오래 걸리는 것이 단점이다.

(5) 티오글리콜산(Thioglycollic acid) 또는 그 염류가 주성분인 가온 2욕식 축모 교정제 퍼머넌트제

이 제품은 축모교정제로서 1978년 이후 미국에서 사용되기 시작하였으며 우리나라나 일본에서는 1985년부터 제조되었다. 사용할 때 액을 혼합하면 스스로 발열해 퍼머넌트가 지나치게 되는 것을 억제한다는 새로운 생각에서 개발된 제품으로 1제인 2종류 중 한 종류는 액상으로 되어 있고, 한 종류는 크림상으로 되어 있으므로 이를 1:1비율로 혼합하여 사용한다. 따라서 이를 용시조제(用時調製)라 부르는데 혼합한 결과 액온이 약 40℃ 정도 상승하므로 발열식이라고도 하며 이를 합쳐서 용시조제 발열식이라고도 부른다.

(6) 티오글리콜산(Thioglycollic acid) 또는 그 염류가 주성분인 콜드 2욕식 축모교정제

흑인의 모발에 행한 축모 교정제로서 헤어 스트레이트라 불리며, 1983년경 이 제품이 유행되었고, 현재는 다양한 기법과 직모로 펴는 효과를 높이기 위한 제품이 등장했다. 이 기법은 보통의 퍼머넌트 웨이브제에 전분가루 등을 혼합해 점도를 높이고 판넬(panel)이라는 수지제의 판위에 헤어 스트랜드를 대고 약제를 발라서 빗의 등으로 바짝 당겨 눌러 빗어 판넬에 부착시켜 건조시킴으로써 직모의 효과를 얻도록 하는 방법이다.

(7) 티오글리콜산(Thioglycollic acid) 또는 그 염류가 주성분인 가온 2욕식 축모교정제

곱슬 정도가 강한 축모 등에 사용하는 제품으로 pH는 4.5~9.3 정도 이며 1제 및 2제를 모발에 적용 할 때의 온도는 60℃이하로 규정되어 있다. 가온2욕법 축모 교정제를 모발에 바른 후 골고루 도포되도록 빗어주고 20~40분 정도 방치한 후 플레인 린스를 해서 헹구어 낸 뒤 타올과 드라이를 이용해서 모발을 95%정도로 말린 후 가온시킨 곱슬머리 스트레이트용 기구를 이용해서 섹션을 나누어 가며 모발을 매끈하게 펴준다.

2) 퍼머넌트 웨이브제(Permanent wave) 2제의 종류

2제의 주성분으로는 취소산나트륨, 취소산칼륨 및 과산화수소를 사용한다. 구미에서 80~90%가 과산화수소를 사용하고 나머지의 10~20%가 취소산염류를 사용하며 아시아권에서는 대부분 취소산염류가 사용되는데, 이는 과산화수소로 인한 탈색을 방지하기 위함이다.

(1) 취소산염류(브롬산 염류)에 의한 2제

취소산나트륨을 주성분으로 하는 액상인 것이 대부분이고, 취소산칼륨과 같은 분말상이 있다. 취소산나트륨이 취소산칼륨보다 5배나 용해도가 높아 2제의 처리시간이 짧다는 장점이 있다. 현재 시판중인 액상의 2제에는 5~20%정도의 취소산나트륨이 포함되고, 사용할 때에 원액인 체로 할 수 없으며, 3~5배 정도로 물로 희석해서 사용한다. 사용되는 농도는 5~6%로 되어 있는 것이 많다. 2제의 pH는 기준에 의하면 1인 1회분의 양을 물 또는 미온수 200㎖에 녹여서 25℃에서 측정했을 때에 4.0~9.0의 범위에 들어가야만 한다. 취소산염의 경우에는 산성 측에서 안정한 상태를 유지하는 것이 어려우므로 시판되는 액상타입으로서 2제의 pH는 5.0~7.5정도가 많다.

(2) 과산화수소에 의한 2제

과산화수소 2제는 산성 측에서 안정하고, 알칼리 측에서는 매우 불안정하므로 pH는 2.5~4.5로 낮게 설정되어 있다. 취소산염에 비해 화학적으로 불안정하고 햇빛이나 미량의 중금속에 쉽게 분해됨으로 주의하여야 한다. 1제에 의한 모발 팽윤은 pH에 민감하여 전 처리의 차이에 따른 2제의 pH의 차이로 모발팽윤, 산화속도, 모발에서의 작용 등에 영향을 준다. 따라서 일정한 pH를 유지하기 위해 침투제, 유화제, 습윤제, 색소, 향료 등을 첨가한다. 최근에는 pH의 완충 작용을 돕는 박하향의 2제로 pH를 일정하게 유지하도록 되어 있다.

<table>
<tr><th></th><th colspan="3">1제</th><th colspan="5">2제</th></tr>
<tr><th>분 류
퍼머용제</th><th>pH(25℃)</th><th>알칼리
(0.1 규정염산소비량)</th><th>티오글리콜산 농도(%)</th><th>주제
취산나트륨 취소산칼륨 과붕산나트륨의 2제 산화력</th><th>pH
(25℃)</th><th>주제
과산화수소수의 2제 산화력</th><th>과산화수소농도</th><th>pH
(25℃)</th></tr>
<tr><td>티오글리콜산염 또는 2의 염류를 주성분으로 하는 cold 2욕식 퍼머넌트 웨이브</td><td>4.5 ~9.6</td><td>7ml이하</td><td>2.0 ~7.0%</td><td>1인1회분의 량은 산화력의 3.5이상</td><td>4~9</td><td>1인1회 분의 양은 산화력 0.8~3</td><td>2.5% 이하</td><td>2.5 ~4.5</td></tr>
<tr><td>시스테인을 주성분으로 하는 cold 2욕식 퍼머넌트 웨이브 용제</td><td>8.0 ~9.5</td><td>12ml이하
(불휘발성 무기 알칼리를 함유하지 않은 경우)</td><td>시스테인e 농도
3~7.5</td><td>1인1회분의 량은 산화력의 3.5이상</td><td>4~9</td><td></td><td></td><td></td></tr>
<tr><td>티오글리콜산 또는 2의 염류를 주성분으로 하는 가온 2욕식 머넌트 웨이브 용제</td><td>4.5~9.3</td><td>5ml 이하</td><td>1~5%</td><td>1인1회분의 량은 산화력의 3.5이상</td><td>4~9</td><td>1인1회 분의 양은 산화력 0.8~3</td><td>2.5% 이하</td><td>2.5 ~4.5</td></tr>
<tr><td>티오글리콜산 또는 그의 염류를 수성분으로 하는 cold 1욕식 퍼머넌트 웨이브 용제</td><td>9.4 ~9.6</td><td>3.5~4.6ml</td><td>3~3.3%</td><td></td><td></td><td></td><td></td><td></td></tr>
<tr><td rowspan="4">티오글리콜산염을 주성분으로 하는 1제용 시조제 발열 2욕식 웨이브 용제</td><td>1제의(1)</td><td>4.5~9.5</td><td>10ml 이하</td><td>8~19%</td><td rowspan="4"></td><td rowspan="4">1인1회 분의 양은 산화력 0.8~3</td><td rowspan="4">2.5% 이하</td><td rowspan="4">2.5 ~4.5</td></tr>
<tr><td>1제의(2)</td><td>4.5~9.5</td><td colspan="2">H_2O_2</td></tr>
<tr><td rowspan="2">1제의(1) 과 1제의(2) 혼합액</td><td rowspan="2">4.5~9.4</td><td>알칼리 7ml이하</td><td>티오글리콜산 농도 3.2~4%</td></tr>
<tr><td>티오글리콜산염 농도 2~11%</td><td>온도상승 14~28%</td></tr>
<tr><td rowspan="2">티오글리콜산염 또는 2염류를 주성분으로 하는 cold 2욕식 축모 교정제</td><td rowspan="2">4.5~9.</td><td rowspan="2">7ml이하</td><td>티오글리콜산염 농도 2~7%</td><td rowspan="2">1인1회분의 량은 산화력의 3.5이상</td><td rowspan="2">4~9</td><td rowspan="2"></td><td rowspan="2"></td><td rowspan="2"></td></tr>
<tr><td>점도 40,000cps 이하</td></tr>
<tr><td rowspan="2">티오글리콜산염 또는 2염류를 주성분으로 하는 가온 2욕식 축모 교정제</td><td rowspan="2">4.5~9.3</td><td rowspan="2">5ml이하</td><td>티오글리콜산염 농도 1~5%</td><td rowspan="2">1인1회분의 량은 산화력의 3.5이상</td><td rowspan="2">4~9</td><td rowspan="2"></td><td rowspan="2"></td><td rowspan="2"></td></tr>
<tr><td>점도 40,000cps 이하</td></tr>
</table>

3. 퍼머넌트 웨이브의 시술과정에 따른 분류

퍼머를 하는 방법으로 열을 사용해 웨이브를 만드는 히트(heat)퍼머와 알카리성환원제의 환원작용에 의해 만들어지는 콜드퍼머로 나뉘어진다.

1) 히트 퍼머넌트 웨이브

(1) 머신 웨이브(Machine wave)

콜드 웨이브가 보급되기 전 우리나라에서 많이 사용하였으며, 전기 열이나 증기 열을 사용한다.

■ 스파이럴식

가장 먼저 사용된 방법으로, 두피에서부터 두발 끝으로 말며 긴 머리에 적당하다.

■ 크로키놀식

두발 끝에서 두피 쪽으로 말며 짧은 머리에 적당하다.

(2) 프리 히트 웨이브(Free heat wave = Wire less wave)

전열을 사용치 않고, 특수한 금속 히팅 클립을 사용한다. (콜드 웨이브 가열법) 열을 이용하여 웨이브를 만드는 면에서 machine wave와 같으나 전기를 사용하지 않고 heating clip을 이용하여 가열한다.

(3) 머신리스 웨이브 (Machine less wave = chemical wave)

특수 약품의 화학 반응에 의한 발열 작용한다. (요즘도 가끔씩 사용) nachine wave와 같이 암모니아수, 붕사, 탄산칼륨, 탄산나트륨, 소량의 아유산염 등 알카리성 약액을 사용하는 면에서는 같으나, 발열반응을 수반하는 바페트등을 물에 녹여 그 화합반응에서 얻어지는 열을 이용하는 면에서 chemical permanent wave, 또는 exothermic Permanent wave라고도 한다 .

2) 콜드 퍼머넌트 웨이브

가열 대신 알칼리성 환원제의 환원작용에 의해 시스틴 결합을 절단시킨다. 이 상태에서 로드를 감아 웨이브를 준 후, 산화제를 사용, 절단된 시스틴 결합에 작용시켜 웨이브를 지속시킨다.

(1) 1욕법

1종류의 솔류션(solution)만 사용하여 행하는 방법이다. 공기 중의 산소에 의한 자연 산화를 이용한다.(시간이 오래 걸리므로 영업용 불가능하며 홈 웨이브에 적당)

(2) 2욕법

2종류의 솔류션을 이용하여 행하는 방법이다.

1액(환원제): 티오글리콜산염, 시스테인산(시스틴 질단 → 웨이브 형성 자용)

2액(산화제): 브롬산염류, 취소산염류(절단된 시스틴 재결합 → 형성된 웨이브 정착)

Chapter 10

(3) 3욕법

1액(와인딩 전용액): 특수활성제로 두발을 연화시킨다.

2액(환원제): 환원작용을 하며 와인딩 후에 바른다.

3액(산화제): 2욕법의 2액과 동일하다.

(4) 2욕법의 종류

① 가온 2욕법

제1액을 바른 후 히팅 캡, 헤어 스티머 등을 사용 60℃이하로 가온한다.

② 무가온 2욕법

콜드 2욕법을 말하며, 제1액 티오글리콜산에 의한 환원작용과 제2액의 취소산 등에 의한 산화작용만을 이용한 웨이브를 형성한다.

③ 산성 퍼머넌트제

제1액은 티오글리콜산을 주제로 하고 보조제로 사용하는 암모니아수 등의 알칼리제는 전혀 사용하지 않는다. 특수 계면활성제를 첨가해 두발 본래 pH로 퍼머넌트를 행한다. 염색모, 탈색모, 다공성모에 적당하다.

④ 시스테인 퍼머넌트제

모발에서 취한 시스테인이란 아미노산 일종으로 환원작용을 하며 모발을 손상시키지 않아 연모, 손상모 등에 적당하다.

⑤ 거품 퍼머넌트제

제1액과 2액에 계면활성제를 넣고 거품기로 거품을 일으켜 사용한다. 약액이 흐르지 않아 피부염 방지, 거품 자체에 의한 보온효과도 있다.

(5) 의학적으로 본 콜드 퍼머 - 그 부작용

한마디로 콜드 퍼머는 모발의 물리화학적 구조가 명확해졌기 때문에 실현 단계가 된 테크닉이다. 즉 티오그리콜산을 역이용하여 일단 모발을 망가뜨리고 제2액으로 컬된 상태로 고정하고 있는 것이다. 그것은 모발에 뒤틀림을 부여하는 일이다. 그래서 콜드 퍼머이고 이 결점을 보충해 주는 것은 미용사의 테크닉이다. 즉 콜드 퍼머의 해를 미용사의 솜씨로 보완하고 있는 것이다. 그래도 -S=S-로 단단히 연결된 측쇄가 -SH와 떨어져 있을 때 모발은 약해진다. 또 콜드 퍼머로는 그것을 올바르게 행하더라도 그 후 모발의 -S=S-의 20~30%는 -SH로 풀린 채 남아있다. 그 때문에 나중의 모발은 약해져 끊어지기 쉽다. 따라서 콜드 퍼머를 한 모발은 특히 조심스럽게 다룰 필요가 있다. 헤어 다이, 모발표백 등을 하면 모발은 더욱 약해지므로 주의해야 한다.

- 모발과 마찬가지로 피부, 손톱도 케라틴으로 이루어져 있다. 그 때문에 콜드 퍼머를 취급하는 미용사의 손톱이 상하는 일이 있다. 약간 날카로워지거나 쉽게 부서진다. 한편 모발의 케라틴은 단단한 케라틴인데 반해, 피부의 케라틴은 연한케라틴이다. 연한

케라틴이 화학약품에 손상이 더 심하다. 그 때문에 제1액이 피부에 닿으면 트러블이 생긴다. 그 해를 막는 것이 미용사의 테크닉이다. 손님에게 트러블이 생겼다면 미용사의 테크닉 어딘가에 과실이 있었다고 보면 된다.

- 콜드 퍼머를 한 후 머리 비듬이 많아진다는 것은 누구나 알고 있다. 이것은 아무리 잘하더라도 제1액의 물보라가 머리 속살에 닿는 것을 막을 수 없기 때문이다. 즉 티오그리콜산이 묻어 각층을 손상시키고 그것이 벗겨져 나와 비듬이 되는 것이다. 일종의 가벼운 염증이다. 단 다행히 이 정도의 것은 자연적으로 치료되므로 병으로서 문제가 되지 않고 해결된다. 그러나 머리 속살에 상처가 있거나 부스럼이 나 있으면, 거기서 문제가 생길 수 있다. 때문에 이럴 때는 퍼머를 하지 않는 것이 좋다. 주의해야 할 것은 콜드 퍼머를 하기 전 머리를 감을 때 머리 피부를 다치지 않도록 하는 것이다.

- 제1액이 알칼리성이라고 하므로 그것을 트러블의 원인으로 중요하게 보는 사람들이 있다. 그러나 알칼리성이 아니면 퍼머를 하기 어려우므로 이 점도 콜드 퍼머에 있어서 피할 수 없는 숙명의 하나이다.

(6) 콜드 퍼머의 피부장애

넓은 의미로 트러블이라 불리는 것이다. 그러나 전부가 알러지성인 것은 아니다. 앞에서 언급했듯 티오그리콜산, 특히 암모니아염은 피부독, 접촉독이라 한다. 게다가 일정시간이 지나면 누구나 트러블이 생기기 때문에 손님의 피부에 생긴 트러블은 이 비(非)알러지성인 것이라 할 수 있다. 미용사의 경우도 샴푸, 그 외의 세제, 세트로션, 염료 등을 사용하고 있어 피부가 거칠 때에 이것을 사용하면 트러블이 생기기 쉽다. 접촉독은 상처난 피부에 해를 일으키기 쉽기 때문이다. 그러나 미용사 손에는 알러지성 트러블도 생긴다. 이 때는 손 전체가 빨갛게 붓기보다 둥근 모양의 습진(화폐모양 습진)이 생기는 일이 많다. 게다가 각층이 두꺼워져 표면이 거칠다. 이러한 트러블은 미용사가 일을 그만두는 것 외에 예방할 수 있는 다른 방법이 없는 경우가 많다.

(7) 콜드 퍼머에 의한 탈모(부러진 모발)

콜드 퍼머는 모발에 변화를 일으켜 컬(curl)을 준 것이고 그 때문에 부러진 모발이 보이기도 한다는 것은 앞에서 언급한 대로이다. 그 때문에 티오그리콜산 칼슘이 13.5% 들어간 크림이 탈모 크림으로서 사용되고 있을 정도이다. 콜드 퍼머에 의한 모발의 변화로서 반상(斑狀)탈모, 넓은 범위의 탈모, 모발의 탄력 감퇴, 모발 냄새의 변화를 들 수 있다. 콜드 퍼머에 의한 탈모는 일종의 머리가 끊긴 것으로 다음과 같은 특징이 있다.

1. 둥글게 혹은 듬성듬성하게 탈모된 것처럼 보이지만 잘 보면 그 주변부에는 비교적 길게, 중심부는 짧게 잘린 흔적을 볼 수 있다.

2. 끊긴 모발은 보통의 속도로 자라나므로 단기간에 치료가 된다.

3. 모발을 세게 잡아당기는 곳에 이런 것이 잘 생긴다. 따라서 측두부, 전두부, 두정부에 많다.

4. 콜드 퍼머를 하고 빠르면 다음날부터 모발이 빠지는 것을 알게 되는데, 늦어도 15~20일 안에 나타난다.

5. 콜드 퍼머로 모발이 빠진 부분은 원형탈모증처럼 주변으로 넓혀져 가는 일이 없다. 또 그 개체수도 늘어나지 않는다.

6. 끊긴 모발을 현미경으로 보면 모발의 잘린 단면이 풀어져 선명할 뿐 아니라 여기저기 그런 곳이 보인다. 진짜 탈모라면 모근 부분부터 빠져 있다.

(8) 콜드 퍼머에 의한 손톱의 변화

미용사가 콜드 퍼머 시술 시 부주의에 의하여 손톱 끝이 얇아지고 갈라지거나 혹은 손톱이 벗겨지는 경우가 있다. 반대로 손톱 아래의 각층이 두꺼워지고 손톱이 황백색으로 탁해지기도 한다.

4. 퍼머넌트 웨이브제에 의한 모발의 변화

■ 모발의 변화

① 1액에 의한 모발의 변화

화학 변화가 우리들의 감각 기관으로 관찰되는 것은 그것에 의해 모발의 물리적 성상이 변화하는 것으로 이것은 먼저 모발의 팽윤 연화라는 현상으로 나타난다.

② 시스틴 결합의 절단 강도

처리 전의 모발 시스틴 함유량을 측정하고 1액 처리 후의 시스틴 함유량을 분석하면 그 감소량으로 알 수 있다. 티오글리콜산은 pH가 높으면 환원력이 강해지고 또한 농도가 높아도 환원력이 강해진다. 그러나 모발의 종류에 따라서 환원정도도 달라진다.

③ 디티오글리콜산이 증가하면 티오글리콜산의 환원력은 저하된다.

④ 시스틴 결합이 절단되는 것은 주로 간충 물질 중의 비결정영역이 케라틴이다.

결정형은 분자간격이 좁고 가지런히 정렬되어 있기 때문에 TG분자가 들어가기 힘들고 비결정형은 배열이 일정한 형을 가지고 있지 않기 때문에 TG의 분자가 접촉하기 쉽다.

⑤ pH에 의한 콜드 액이 팽윤도 변화

pH9이상부터 팽윤도가 커지고 pH9.7이상이 되면 급격히 증가함으로 pH 9.7이상의 콜드 액은 위험하다.

1) 퍼머넌트 웨이브액의 평가

팽윤성이 높고 환원력이 강하다 : 퍼머넌트가 잘되고 웨이브도 오래간다.

팽윤성이 높고 환원력이 약하다 : 퍼머넌트가 잘되지만 웨이브는 오래가지 않는다.

팽윤성이 낮고 환원력이 강하다 : 퍼머넌트가 잘되지 않으나 웨이브가 일단 생기면 오래 간다.

팽윤성이 낮고 환원력이 약하다 : 퍼머넌트가 잘되지 않고 웨이브도 잘 풀린다.

2) 비닐 캡을 씌우는 이유

와인딩이 끝난 다음 두피에서 발생하는 열을 이용하여 퍼머넌트 웨이브의 작용을 촉진시키고 모발에 도포된 환원제의 산화를 방지하기 위해 비닐 캡을 씌운다. 퍼머넌트 웨이브 시술 시 원하는 웨이브를 얻기 위한 과정에서 뷰티숍에서 가장 주의해야 할 것은 온도의 차이이다. 퍼머넌트 약제와 모발의 반응 온도가 높고 낮음에 따라 웨이브 형성력과 반응 시간에 큰 영향을 준다. 퍼머넌트 약제의 온도는 연중 일정한 온도(15~25°C 정도)로 시술해야 하며, 겨울철에는 온도가 상당히 떨어지는 수가 있으므로 상온 정도까지 따뜻하게 가온해서 사용해야 한다. 환원제 시술 중 와인딩이 끝나고 약액을 도포한 후에 비닐 캡을 씌운다. 이것은 화학 반응에 영향을 주며 퍼머넌트 웨이브 형성에도 중요한 영향을 준다.

1. 알칼리의 휘산을 방지하며 pH를 일정하게 유지하도록 한다.
2. 공기와의 접촉을 최대한 차단해 제 1제의 공기 산화를 방지한다.
3. 체온이 떨어지는 것을 방지하고 반응 온도가 상승하는 것을 미리 방지하는 작용을 한다.
4. 비닐 캡을 씌우는 시간, 즉 제 1제 도포 후에 비닐 캡을 씌우기까지의 시간이 빠르면 빠른 만큼 1액의 반응 시간을 단축시켜준다. 그러므로 와인딩 후 제 1제를 도포하고 나면 빨리 비닐 캡을 씌우는 것이 중요하다.

3) 방치 시간(Processing time)

탄력 있고 균일한 웨이브를 얻기 위해서는 환원제의 방치 시간이 중요하다. 와인딩이 끝나고 모발에 환원제를 도포한 순간부터 모발의 성질과 상태, 사용된 환원제의 종류, 로드의 선정, 실내온도, 두피의 온도에 따라 방치 시간을 달리해야 한다. 방치 시간은 촉진기(가온기)를 사용한 시간과 자연 방치 시간을 모두 합한 것을 의미한다.

모발마다 웨이브의 완성 시간에 차이가 크므로 모발에 상관없이 웨이브의 완성시간을 일정하게 만들어주기 위해 촉진기를 사용한다. 자연 상태에서의 시술 및 방치가 중요하며 촉진기 사용은 장시간 지속적으로 사용하는 것은 두피나 모발에 심한 자극을 줄 수 있으므로 자제하는 것이 좋다. 와인딩 시의 실내외의 온도와 체온의 상태, 약제의 적용, 열처리의 여부에 따라 다르지만 일반적으로 약 20~40분 이내에 테스트 컬을 하는 것이 바람직하다. 오버 프로세싱(over processing)은 모발을 건조하게 하며 심한 손상을 일으킬 수 있다. 언더 프로세싱(under processing)은 작용 시간이 너무 짧아 컬이 약하고 탄력이 없으며 실내 온도와 비닐 캡 내의 온도에 주의하여 방치 시간을 조절한다.

4) 테스트 컬(Test curl)

테스트 컬의 목적은 환원제가 모발에 어느 정도 작용했는지의 여부를 판단하여 정확한 방치 시간을 결정하고 웨이브의 형성 정도를 파악하는 것이다. 일반적으로는 환원제 도포 후 모발의 상태에 따라 약 10~20분 정도에서 각 부위에 따라 하나의 로드를 2회전 정도 풀어 두피 쪽으로 가볍게 밀어보아 'S' 자형의 리지(ridge)가 확실하게 생기는지를 검사한다. 원하는 컬의 형태를 확인한 다음 다시 고정시켜 다음 단계의 시술로 진행한다. 그러나 만약 느슨한 'S' 자형의 리지가 보이면 컬의 형성 정도에 따라 환원제를 재도포한 다음 적절한 시간동안 재방치한다. 너무 오랜 시간을 방치한 경우 컬의 탄력이 줄어들고 모발에 화학적인 손상에 입히게 되므로 방치 시간을 잘 조절해야 한다. 퍼머넌트 웨이브 용제(permanent wave solution)는 액상에 따른 분류에 의해 알칼리성, 중성, 산성이 있다. 산성이나 중성 타입의 퍼머넌트 웨이브 용제는 환원하는 힘이 약하고 팽윤도 적기 때문에 웨이브의 형태를 파악하기가 어렵고 어느 정도의 숙련과 경험에 의한 판단이 요구된다. 원하는 웨이브가 나오지 않았을 때에는 비닐캡을 씌우고 모발의 상태가 퍼머넌트 웨이브 디자인에 따라 열처리나 중간 린스, 환원제의 재도포, 방치 시간의 연장들을 적용시킨다.

5) 중간 린스(Plain rinse)

모발에 남아 있는 환원제의 잔여물을 제거하여 산화제의 산화작용을 원활하게 이루어지도록 하기 위해 미온수로 모발에 헹구어 내는 것이다. 또한 브롬산염의 산화작용은 pH가 낮은 쪽에서 강하게 작용하기 때문에 pH가 높은 제 1제를 물로 씻어 내는 것이 바람직하며 웨이브 형성 능력을 높일 수 있다. 만약 중간 린스를 하지 않으면 모발에 남아 있는 환원제(제 1제)와 산화제(제 2제)가 반응하여, 환원제에 의해 산화제의 작용이 묽어지기 때문에 산화제가 제 역할을 충분히 다하지 못해 완전한 웨이브가 형성될 수 없다. 또한 환원제는 일반적으로 알칼리성인 것이 많기 때문에 중간 린스를 하지 않으면 환원제의 알칼리가 잔존하여 두피와 모발을 손상시키는 원인이 된다. 중간 린스를 하는 방법은 미온수로 모발 전체를 충분히 헹궈 낸 다음 부드러운 수건이나 탈지면 등으로 두피와 로드의 물기를 완전히 제거한다. 만약 물기를 충분히 제거하지 않으면 산화제를 모발에 도포했을 때 모발에 남아 있는 수분에 의해 산화제가 희석되거나 산화제의 흡수를 방해하여 웨이브의 형성을 방해하기 때문에 숙련된 동작으로 신속하게 실시하도록 하는 것이 좋다.

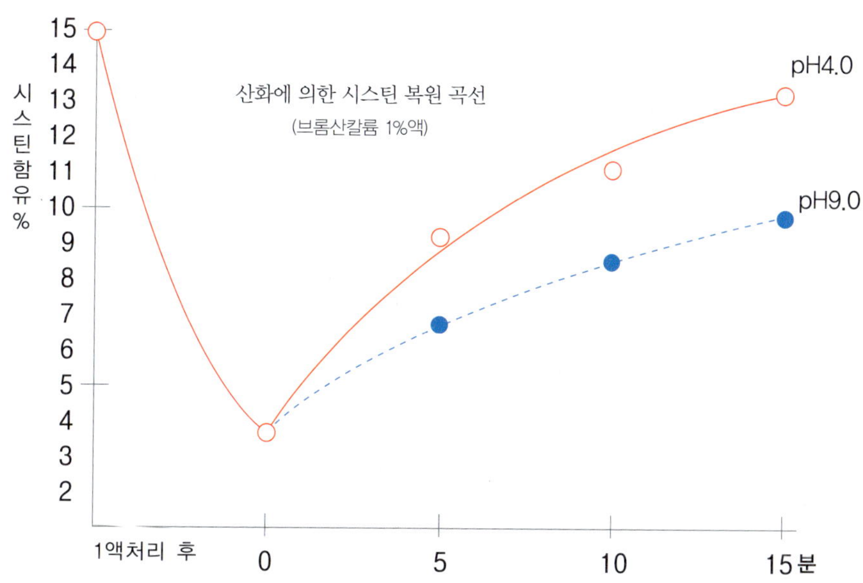

6) 퍼머넌트 웨이브 시술 후 모발 및 두피 관리

(1) 산성 린스 처리에 의한 모발 관리

1. 탄력 있는 웨이브가 유지되도록 하며 모발과 두피의 pH를 안정되게 한다.
2. 화학 작용으로 민감해진 모발에 윤기를 주며 산화작용만으로 부족한 시스틴의 재결합을 안정되게 한다.

(2) 모발 및 두피 트리트먼트 효과

1. 가능한 자연 상태의 모발로 되돌려 모발 케라틴을 견고하게 한다.
2. 환원제와 산화제의 잔여물을 제거하고 퍼머넌트 웨이브제의 냄새를 제거한다.
3. 환원제에 의해 알칼리화 된 모발의 pH를 약산성화한다.
4. 퍼머넌트 웨이브 시술에 의해 긴장된 모발과 두피 조직을 이완시키고 혈액 순환을 원활하게 한다.

(3) 퍼머넌트 웨이브 스타일링

1. 화학 작용으로 인해 손상된 모발에 헤어 로션, 젤 등으로 손질한다.
2. 드라이로 모발을 완전히 건조시키지 않고 웨이브가 풀어지지 않도록 손으로 가볍게 만져 준다.

(4) 퍼머넌트 웨이브 시술 후 가정에서의 모발 관리

1. 시술 후 3일 정도는 샴푸를 하지 않고 산성 린스만 한다.
2. 모발을 건조한 상태에서 과도한 헤어 쉐이핑을 하지 않도록 한다.
3. 헤어 컨디셔닝 제품을 사용하여 모발의 광택과 보습에 유의하도록 한다.

(5) 퍼머넌트 웨이브 시술시 주의사항

1. 고객의 모발이나 두피의 상태, 원하는 스타일을 잘 분석해야 한다.
2. 모발 진단을 통해 시술방법을 결정하고 퍼머넌트 웨이브 시술 전 가벼운 샴푸만 한다.
3. 퍼머넌트 웨이브 디자인에 따른 올바른 로드 선정에 주의한다.
4. 고객의 옷이나 안면에 약액이 묻지 않도록 세심한 주의를 기울인다.
5. 로드 자국이 남지 않도록 쇼트 헤어(short hair)의 경우 지그재그 섹션을 떠서 시술하고 스틱(stick)을 이용하여 고무 밴드 자국이 남지 않도록 한다.
6. 산화제 도포 시 로드 하나하나 빠짐없이 도포하도록 한다.
7. 퍼머넌트 웨이브제를 취급할 때는 반드시 보호용 장갑을 착용한다.
8. 퍼머넌트 웨이브 시술 후 고객 카드를 작성하여 관리한다.
9. 가정에서의 손질 및 관리법을 설명한다.

· 웨이브가 아직 고정되지 않았기 때문에 퍼머넌트 웨이브(permanent wave) 후 48시간 내에 샴푸하지 않는다.

· 염색 후 퍼머넌트 웨이브(permanent wave)는 최소한 2주 후에 한다.

· 퍼머넌트 웨이브(permanent wave) 후 염색은 1주 후에 한다.

· 퍼머넌트 웨이브(permanent wave) 직후 사우나를 삼가고 저녁에 시술했을 경우 완전히 건조 후에 취침한다.

· 뜨거운 물로 샴푸하면 쉽게 풀린다.

Chapter 11 염색

1. 염색의 기초이론
2. 염모제의색료
3. 염모제의 분류
4. 영구 염모제의 구성물질
5. 염모제가 모발 및 피부에 미치는 영향
6. 지속기간에 따른 염색의 원리
7. 탈색이론

1. 염색의 기초이론

염색(hair coloring)이란? 사람이 기존에 갖고 있는 모발색에 인공색소를 침투, 착색시켜 희망하는 색을 얻는 것으로, 염색의 방법으로는 영구염색, 백모염색, 탈색된 모발에 인공색소를 착색, 모발의 명도 변화, 신생모의 재염색 등이 있다. 염색과는 반대되는 개념인 탈색은 모발에서 인위적으로 색소를 제거하는 것을 말한다. 이외에 퇴색이란 용어도 자주 쓰이는데 이는 자연적으로 서서히 색소가 빠지는 것을 말한다.

(1) 염색의 정의와 목적

헤어염색은 헤어컬러링(hair coloring), 헤어다이(hair dye), 헤어틴트(hair tint)로 표현되며 탈색이나 착색에 의해 머리색을 원하는 색으로 바꾸는 것으로 아름다움을 추구하는 인간의 욕구를 색채과학을 도입하여 표현하는 행위라고 할 수 있다. 따라서 헤어염색의 목적은 색소를 화학적으로 모발에 염착시켜 원하는 헤어컬러를 표현하고, 유지시키는 것이라고 할 수 있다. 즉, 개인마다 상이한 모발 고유의 특성과 성질, 퍼스널 컬러(personal color)를 파악해 발색될 수 있는 최적의 색을 찾고, 전문적 시술을 통해 색이 표현되도록 하며 이후에도 잘 유지되도록 돕는 것이다. 외적인 측면으로는 염색제와 염색 테크닉 등을 이용하여 모발색을 희망하는 색상으로 변화시키는 것이며, 내적인 측면으로는 모발색상의 변화를 통해 이미지 변화, 피부톤 변화 등 고객에게 정서적인 만족감을 주는 것이다.

2. 염모제의 색료

머리에 색깔이 나타나도록 해 주는 성분이 색소(色素, pigment)이며, 색소를 포함하고, 색을 느낄 수 있게 하는 성질을 가진 재료를 색료(colorants)라고 한다.

염색제의 색료는 색소(色素, pigment)를 포함하고 있어 색을 느낄 수 있게 해주는 성질을 가진 재료를 말한다. 용매에 대한 용해성과 모발 침투력에 따라 안료와 염료로 구분된다. 물과 용매에 녹지 않으며 불투명한 성질을 가진 것을 안료라고 하고 용매에 녹으면서 투명도가 강한 것은 염료라고 한다.

■ **염모제의 천연 색소**

식물성 색소	헤나, 오디, 카모마일 등 식물의 꽃, 열매 등 색조는 붉은색으로 단조롭다.
동물성 색소	세피아, 커틀피쉬(개구리 물고기), 잉크파우더 등 착색제로 사용되고 있다.
광물성 색소	벤토나이트, 미네랄 흙이 착색제로 사용되고 있다.

(1) 염료(Dyes)

염료는 물, 기름에 녹으며 섬유염색, 머리염색 하는데 주로 쓰이는 색소로, 모발 조직의 내부까지 침투시키는 것이 가능하므로 영구적 염색을 위한 염모제로 많이 사용되고 있다.

(2) 안료(Pigment)

안료는 물이나 유기 용제에 녹지 않는 분말형태를 띤 광물질 또는 유기질의 착색제로 안료 그대로의 상태로는 머리에 착색될 수 없지만 전색제와 함께 쓰면 모발에 미세하게 분산되어 착색된다. 모발표면의 색상을 변화시키는 컬러 크레용, 컬러 스프레이, 컬러 무스 등에 안료가 사용된다.

■ **염료와 안료의 비교**

	염료(Dyes)	안료(Pigment)
용해성	물이나 유기용제에 용해됨	물이나 유기용제에 용해되지 않음
투명성	액체형태를 띠며 투명함	분말형태를 띠며 불투명함
표면친화력	표면친화력이 높음	소재에 대한 표면친화력 없음
접착성	별도의 접착제 필요없음	별도의 접착제를 필요로 함(고착제, 전색제)
활용	영구적 염색제	일시적 염색제, 컬러 스프레이 등

3. 염모제의 분류

머리염색에 사용되는 염모제는 특성에 따라 식물성 염모제, 금속성(광물성)염모제, 합성 염모제로 분류되며, 주로 머리염색에 사용되는 합성염모제는 화학적 방법과 지속간에 따라 다양하게 분류한다.

(1) 식물성 염모제

식물성 염모제에는 인디고(indigo), 카모마일(camomile), 살비아(salvia), 헤나(hanna) 등이 있다. 식물성 염모제는 식물의 꽃, 열매 등의 색소가 산성 용액 속에서 케라틴을 염색시킬 수 있는 성질을 이용하여 만들었으며, 색조는 붉은색으로 단조롭다. 식물성 염모제는 모발 속에 침투시키는 것이 아니라 코팅을 입힌다.

■ 헤나(Henna)

헤나는 모발의 큐티클(cuticle: 외피)을 염착하는 코팅 염료이다. 헤나 염색은 시간이 지남에 따라 색은 점진적으로 퇴색하며 따라서 다양한 색의 변화를 볼 수가 있다. 헤나를 갈색이나 검은머리에 적용하면 따뜻하고, 붉은 빛을 얻을 수 있고, 반면에 보다 밝은 모발은 붉은 황금색으로 변화한다. 헤나로 모발을 밝게 할 수는 없으며 흰머리나 이미 염색이 된 모발, 블리치한 모발이나 하이라이트가 있는 모발에 사용하는 것은 적당하지 않다. 헤나를 모발에 방치시키는 시간의 정도에 따라 결과가 다르다.

헤나	헤나잎의 주요 성분인 로소니아(lawsonia)라는 적색 색소가 모발의 주성분인 케라틴(단백질)과 결합하여 모발을 염색한다.
카모마일	'다이어스 카모마일' 유럽원산으로 국화과 다년초로 자극적이지않고, 진정 작용이 있어 트러블 없이 염색이 가능하다.

(2) 금속성(광물성) 염모제

금속성 염모제 중 가장 많이 사용되는 것은 납의 화합물이며, 철, 카드뮴, 비스무트(bismuth) 등을 함유한 염모제로 이들 금속은 철, 비스무트를 제외하고 대부분이 유독성분을 가지고 있기 때문에 사용에 제한이 있다. 모발에 피막을 형성하고 모발내 금속성분이 축척되면 열이 발생해 모발손상을 가속화한다. 대표적인 금속성 염모제로는 양귀비, 속성 염색약(5분 염색)이 있다.

(3) 합성 염모제(Synthetic dye)의 성분과 작용

유기합성 화학의 방법으로 제조한 염료를 말하며 그 성질에 따라 산성염료(acid dye), 염기성염료(basic dyes), 산화염료(oxidation dye)로 구분된다. 산성염료는 화학적 결합에 따라 일시적이므로 일시적 염모제라 하고, 염기성 염료는 반영구적이므로 반영구 염모제라 한다. 또한 산화염료는 산화형, 비산화형에 따라 영구염모제와 준영구염모제로 나눈다. 영구적 염모제는 산화형으로 1제와 제2제로 되어 있으며, 일시적, 반영구염모제는 1제 만으로 구성되어 있다.

■ 합성 염모제의 특성

분류	산성염료(일시적)	염기성염료(반영구적)	산화염료(영구적)
특징	물에 녹고, 음이온성 염료	염기를 가진 수용성	수용성에서 서서히 불용성
염착 원리	아미노산의 $-NH_2$와 염기결합	아미노산의 -COOH (카르복실기)와 염기결합	멜라닌의 탈색 색소의 산화중합 발색 디아민 결합 발색
온도	40℃~50℃로 사용	40℃~50℃로 사용	상온에서 사용
색소	넓은 범위의 색조	노랑, 빨강, 파랑, 초록, 보라 등	검정색~다갈색으로 한정
제품	염색제, 컬러린스, 샴푸, 계면활성제		영구 염색제

따라서 염모제의 지속 기간에 따라 일시 염모제(temporary colorants), 반영구 염모제(semi permanent colorants), 영구 염모제(permanent colorants)으로 나눌 수 있다.

4. 영구 염모제(산화염모제)의 구성물질

영구적 염모제(permanent colorants)의 알칼리제를 주성분으로하는 1제와 과산화수소를 주성분으로 하는 2제로 되어있으며, 1제와 2제를 혼합해서 사용하는 것에 의해 멜라닌색소를 분해. 탈색해서 염료를 모발 내에 발색시켜 모발을 염색한다.

(1) 1제의 구성물질 및 작용

1제는 알칼리제를 주성분으로 염료와 합쳐져 여러가지 색을 만들며, 디아민계화합물, 알칼리제, 겔화제, 용제, 모발보호제, 산화방지제, 기제 등이 있다. 1제에 사용되는 염료중간체(산화염료)는 파라 페닐렌디아민(P−phenylen ediamine, PPDA)인데,

이것을 단독으로 사용하면 모발이 흑갈색으로 되지만 레조르신(resorcin)이나 m-아미노페놀, m-페닐렌디아민 같은 염료수정체와 함께 사용하면 모발을 다양한 색으로 표현할 수 있다.

■ **산화 염모제의 구성물질**

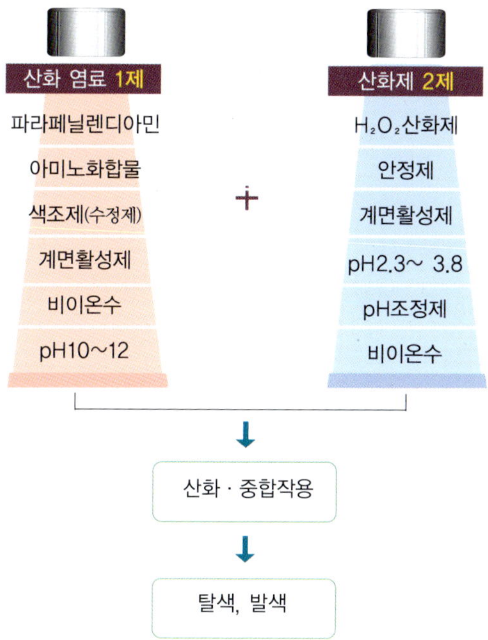

① 알칼리제(Alkali additives)

모표피를 팽윤시키고 염료의 침투를 용이하게 해주며 2제의 과산화수소와 반응하여 산소를 발생시킨다. 멜라닌 색소와 염색소의 산화를 촉진시켜주는 기능을 한다. 알칼리제로서 가장 많이 사용되어 온 것은 암모니아(ammonia)이고, 아민(amine)류, 중성염 등이 있다.

암모니아 (ammonia)	휘발성이 강하고기체이므로 잔류성이 없어 모발 손상이 적은 편이다.
아민 (amine)	디에탄올아민, 이소프로판올아민등이 있다.
중성염	탄산수소암모늄이 가장 많이 사용 되며, 탄산수소나트륨, 인산수소암모늄 등이 있다.

② 산화방지제(항산화제: Antioxidant)

모발 보호 성분으로 거품제 등이 포함되었으며 공기에 의한 염모제의 산화를 방지하여 제품의 변질을 예방한다. 영구적 염색제 및 탈색제에 혼합된 과산화수소에서 유리된 자유산소의 산화작용을 멈추게 하는 역할을 하는데 이는 과산화수소가 pH3~5의 상태에서 자유산소의 유리를 멈추는 특성을 이용한 것이다. 염 · 탈색제로 인해 확장된 모표피 조직을 수축시킴으로써 모피질 내에 존재하는 수용성 단백질의 외부 유출을 줄여서 모표피의 손상을 최소화한다.

분 류		배합 목적	성 분
영구(산화) 염모제	1제	염료	파라-페닐렌디아민, 파라-톨루엔디아민, 파라-아미노페놀, 올소-아미노페놀, 레조시놀, 메타아미노페놀, 메타페닐렌디아민, 나프톨
		알칼리제	암모니아, 모노에탄올아민 등
		겔화제	이소세틸알코올 등
		용제	이소프로필알코올 등
		모발 보호제	트리오닌, 판테놀 등
		산화방지제	암모늄치오글라이콜레이트, 에리소빅애씨드 등
		기제	프로필렌글라이
	2제	산화제	과산화수소수 등
		pH 조절제	과붕산나트륨 등
일시, 반영구 염모제		1제만으로 황산철, 로그우드추출물, 피로갈롤 등	

(2) 2제 과산화수소(Hydrogen peroxide)

과산화수소는 수소와 산소의 화합물로 특성은 무색이고 불쾌한 금속성의 맛을 갖고 있는 액체로서 열에 약하다. 모발염색용으로 주로 6%(20volume)를 사용하며, 모피질 내의 멜라닌색소를 산화작용을 하여 옥시-멜라닌이라는 색이 없는 분자형태로 만들어 탈색의 효과를 나타낸다. 염료가 들어갈 수 있도록 하며 1제의 알칼리제와 반응하여 산소를 발생시켜 염료와 산화중합반응을 돕는다. 과산화수소의 분해는 암모니아에 의해 더 빨리 진행되며 산화제로서 발생기의 산소를 발생시킨다.

5. 염모제가 모발 및 피부에 미치는 영향

염색제에 의한 부작용의 주요 원인이 되는 물질은 파라페닐디아민(Paraphe-nylene diamine: PPD), 파라톨루엔디아민(paratoluene diamine: PPDA)등 디아민계의 산화염료를 들 수 있다. 영구 염모제에 포함되어 있어 페놀성분은 특이체질인 사람에게만 피부염을 일으킨다.

(1) 염모제가 모발에 미치는 영향

영구염모제(유기합성 염모제)는 알칼리 활성조건으로 주로 과산화수소(H_2O_2)를 사용하기 때문에 멜라닌과 케라틴 분해로 다공성모(over porous hair)가 되기 쉽다. 산화과정으로 모발 내에서 탈색과 모발의 분자구조에 변화를 주며 윤기가 없고 뻣뻣하게 된다.

(2) 알칼리제에 의한 모발손상

일반적인 염모제는 알칼리성이다. 정상 모발의 등전점은 pH4.5~5.5 정도의 약산성이지만, 염 · 탈색제의 경우 pH9.5~12 정도이다. 강알칼리에 가까울수록 모발의 단백질 구조는 불안정한 상태가 된다. 모발에 오랫동안 알칼리가 잔류하게 되면 모표피층이 팽윤되어 열려진 상태로 있게 되고, 어떤 마찰에 의해 모표피의 비닐층이 떨어져 나가면서 손상을 입는다.

(3) 과산화수소에 의한 모발 손상

염 · 탈색제의 산화제로 과산화수소가 주로 사용하며, 과산화수소는 멜라닌 색소를 분해함과 동시에 케라틴 단백질을 분해하여 모발을 다공성모로 유도한다. 과산화수소의 농도가 높을수록 모발을 밝게 염색할 수 있으나, 모발의 손상도 커진다. 단기간 동안 동일한 모발에 염색 · 탈색을 반복시술하면 모발의 가로결합은 물론 세로결합까지 절단되며 탄력이 없어지고 미관상 좋지 않다.

6. 지속기간에 따른 염색의 원리

머리 염색 후 침투 정도에 따라 일시성인 것과 지속성인 것이 있다. 염색의 지속기간에 따라, 일시적 염색(temporary hair coloring), 반영구적 염색(semi permanent hair coloring), 준영구적 염색, 영구적 염색(permanent hair coloring) 등으로 나뉜다.

	일시적 염모제	반영구적 염모제	영구적 염모제
지속기간	일시적	2~6주 정도	영구적
용도	패션룩 연출	백모커버 시(30~50%)	백모커버, 어둡거나 밝은 염색, 색조변화
제품타입	컬러 스프레이, 컬러 무스, 컬러 샴푸, 등	크림 타입, 액체 타입, 샴푸 타입	크림 타입, 액체 타입, 파우더 타입
1제 주원료	산성염료, 벤젠알콜, 계면활성제 등		산화염료, 알칼리, 계면활성제 등
2제 주원료	2제는 없다		과산화수소
입자크기	크다		작다
침투부위	큐티클 표면(착색)		모피질 내부(탈색과 발색)

(1) 일시적 염색(Temporary coloring)

일시적 염모제는 염색 후 지속기간이 일시적인 것으로, 염모제가 모발의 표면에만 색소를 입히는 염색약이다. 색소에 수지(resin)를 혼합하여 모발에 바르거나 뿌려주는 방법이다. 이때 입자가 커서 모피질까지 침투하지 못하고 수지의 접착능력으로 인하여 색소가 모표피 층 사이에 일시적으로 붙어있게 하는 원리를 이용한 염색방법이다.

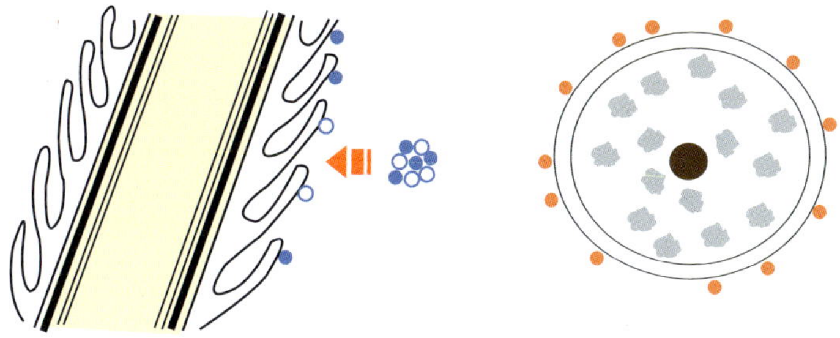

일시적 염색제의 침투범위

(2) 반영구적 염색(Semi permanent coloring)

반영구적 염색은 모발 표면의 큐티클 층에 침투하여 물리적으로 흡착시키는 원리로 일정기간 동안만 색상이 유지되고, 서서히 빠져서 본래의 모발색으로 돌아오는 염모제를 말한다. 본래의 모발 색을 변화시키지 않으면서 윤기를 주고 다공성 모발의 손상된 부분을 일정기간 메울 수 있다. 모발색을 어둡게 하거나 30%정도의 백모 커버 시 사용된다. 컬러 체인지를 할 때 보정색으로 사용하기도 한다.

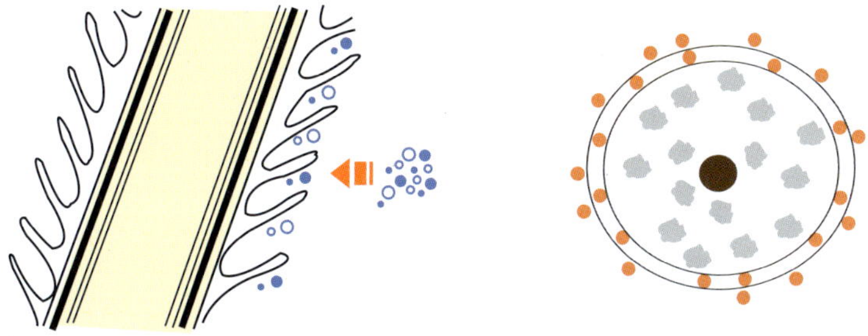

반영구적 염색제의 침투범위

(3) 영구적 염색(Permanent coloring)

100%로 흰머리 커버와 모발색을 밝고 어둡게 모두 만족할 수 있으며 영구염모제는 산화염료와 알칼리제를 주성분으로 하는 1제와 과산화수소를 주성분으로 하는 제2제로 되어 있다. 영구염색제(산화염모제)는 1제의 알칼리제, 염료와 2제의 산화제(과산화수소)로 구성되어있다. 이를 혼합하여 모발에 도포하는 방법으로 1제의 알칼리제(암모니아)가 모표피를 팽창시켜 모발의 큐티클을 열고 안으로 침투해서 멜라닌 색소를 다른 색으로 바꾸어 놓은 다음 큐티클을 다시 닫는 원리이다.

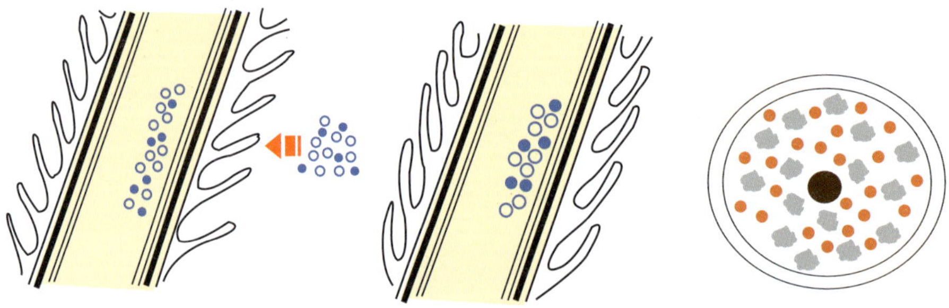

영구적 염색제의 침투범위

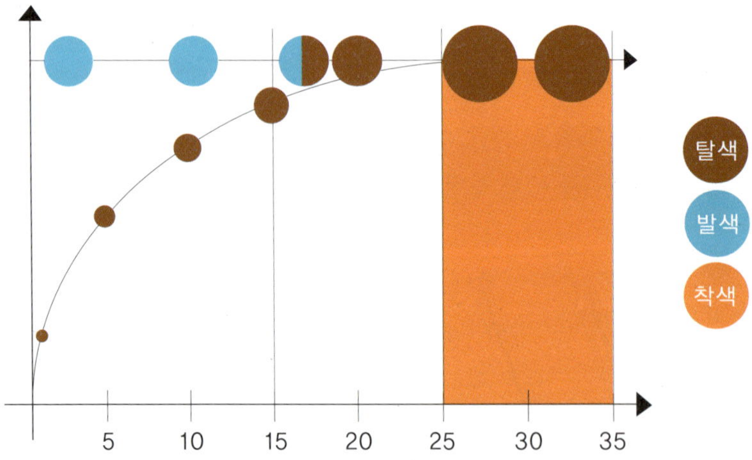

염색제의 작용시간

구 성		작 용
1제	염 료	염료중간체(파라페닐렌디아민등)와 수정제(레조시놀)가 있다. 모피질과 모수질까지 쉽게 침투한다.
	알칼리제 (암모니아)	모표피를 팽창시켜 약제을 침투시킨다. 과산화수소수에 반응하여 산소발생을 촉진한다. 염색제의 pH를 조절한다.
	산화방지제	산화 염료의 보존성을 높인다. 혼합 후 산화되지 않도록 조절한다.
	계면활성제	염료중간체와 염료수정제의 침투를 촉진한다.
2제	산화제 (과산화수소)	무색의 액체로서 물과 산소로 쉽게 분리된다. 암모니아에 의해 산소발생이 촉진된다. 모발내의 멜라닌 색소를 분해하여 모발을 탈색한다. 염료중간체와 염료수정제의 반응을 돕는다.

■ 영구 염색의 3단계 과정

탈색(블리치레벨 색상) + **발색**(도포색상) = **염색의 결과 색상**

1단계 _ 침투 알칼리제의 작용으로 모표피가 열리고 염료와 과산화수소가 모피질 내부로 침투되는 단계이다.

2단계 _ 산화(산소형성 및 멜라닌 산화) 과산화수소가 암모니아에 의해 산소 발생이 촉진되면 모피질 내에 있는 멜라닌 색소를 산화시키고 탈색시키는 단계이다.

3단계 _ 착색 과산화수소로부터 분해된 산소가 모피질에 침투되어 있는 무색의 색소 중간체(dye intermediate)와 작용하여 산화중합반응을 함으로써 유색의 큰 입자를 형성하여 모피질 내에 영구적으로 착색되는 단계이다.

7. 탈색(Bleaching, Decolorize)이론

탈색(Bleaching)이란? 모발속에 존재하는 멜라닌 색소를 제거하는 것으로 'decolorizing(디컬러라이징)' 또는 'lightening(라이트닝)' 이라고도 한다.

탈색의 원리는 영구적 염색의 원리와 동일하며 다만 색소의 산화 과정이 없다는 것이 다르다. 알칼리제에 의해 모표피가 열리고 모피질 내로 들어간 과산화수소로부터 발생된 산소가 유색의 멜라닌 색소를 무색의 옥시-멜라닌으로 산화시키면서 모발의 탈색이 진행된다. 자연 모발색은 모피질 내의 멜라닌(melanin)이라는 모발의 자연색소에 의해 결정된다. 멜라닌은 검정에서 갈색을 나타내는 유-멜라닌(eumelanin), 오렌지 색상에서 붉은색을 나타내는 페오-멜라닌(pheomelanin)의 두 가지 유형이 있으며, 유-멜라닌은 분자가 크고 모피질 내에 뭉쳐 있으므로 탈색 시 산화가 일어나기 쉬운 반면, 페오-멜라닌은 작고 흩어져 있어 유-멜라닌에 비해 산화되기까지의 시간이 오래 걸린다. 그러므로 탈색을 하는 과정에서 모발의 색은 갈색에서 붉은 오렌지색, 금발의 순으로 변화된다.

분 류		주성분	작 용
1제	알칼리제	과황산나트륨 과황산칼슘 과황산암모늄 암모니아 모노에탄올아민	모피질에 산화제가 침투하는 것을 돕는다. 산화제의 분화를 촉진하여 산소의 발생을 돕는다. pH를 조절하며 모발을 손상시킨다.
2제	산화제	과산화수소 H_2O_2	멜라닌을 분해하여 모발의 색을 보다 밝게한다. 모발 케라틴을 약화시킨다. 암모니아에 의해 보다 빨리 산소를 발생한다.

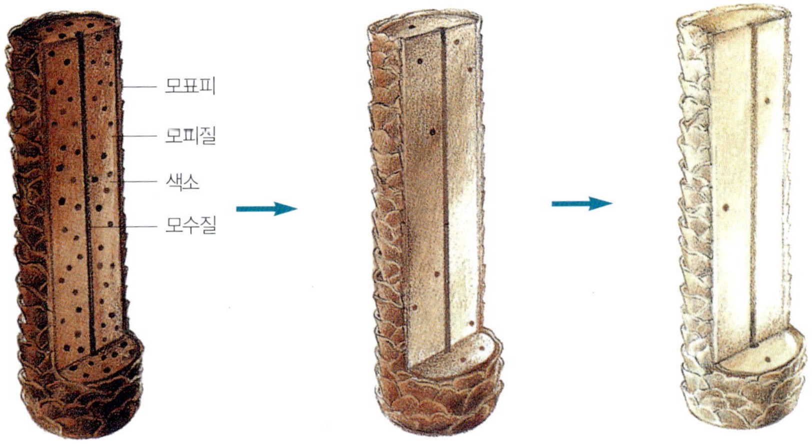

[탈색의 과정]

(1) 1제 알칼리제(Alkali)

보통 염색제에서 사용하게 되는 알칼리제는 일반적으로 암모니아(ammonia)를 대부분 사용한다. 암모니아는 pH8~9.5 정도 되는 농도의 암모늄 하이드록사이드(ammonium hydroxide: 용액) 또는 암모늄 카보네이트(ammonium carbonate: 파우더) 타입를 사용 한다. 알칼리 자체는 탈색 효과가 없으며 과산화수소 등의 산화제의 분해와 알칼리성 용액의 활성화에 의해 모발를 팽윤 · 연화시켜 준다.

(2) 2제 산화제(Oxidizing agent)

탈색시 산화제는 과산화수소(hydrogen peroxide)를 사용하나, 가끔 마그네슘 퍼록사이드(magnesium peroxide)를 사용하기도 한다. 과산화수소는 쉽게 분해되는 화합물로 특히 알칼리 상태에서는 곧바로 산소를 방출하고 물이 되어버리는 특성을 가지고 있다. 과산화수소의 농도에 따라서 산소의 발생량이 달라지는데 농도가 높을수록 많은 양의 산소를 발생시킨다.

(3) 산화제 볼륨(Volume)과 퍼센트(%)

산화제의 농도에 따라 산화력의 크기가 변화하며, 모발 염 · 탈색시에 사용되는 과산화수소의 농도는 보통 6%를 사용한다. 과산화수소의 농도를 일본이나 영국 우리나라는 %로 표기하며 미국에서 볼륨(volume)으로 표기한다. 볼륨이란 기체를 측정하는 단위이며 각 농도의 과산화수소로부터 발생되는 산소의 양을 측정한 것이다.

(4) 볼륨(volume)에 따라 발생되는 산소의 양

10볼륨 (3%)　1ℓ 의 과산화수소는 10ℓ 의 산소를 발생시킬 수 있다.

20볼륨 (6%)　1ℓ 의 과산화수소는 20ℓ 의 산소를 발생시킬 수 있다.

30볼륨 (9%)　1ℓ 의 과산화수소는 30ℓ 의 산소를 발생시킬 수 있다.

40볼륨 (12%)　1ℓ 의 과산화수소는 40ℓ 의 산소를 발생시킬 수 있다.

50볼륨 (15%)　1ℓ 의 과산화수소는 50ℓ 의 산소를 발생시킬 수 있다.

과산화수소로부터 1볼륨의 산소가 만들어지는데 소요되는 시간은 약 1분이다.
6% 의 과산화수소로부터 20볼륨의 산소가 발생되는데 걸리는 시간은 약 20~30분이다.

Chapter

12 샴푸와 린스

1. 샴푸란
2. 샴푸의 분류
3. 샴푸제의 성분과 원리
4. 샴푸 방법
5. 린스

1. 샴푸란

샴푸란 사전적 의미로 '머리를 씻다' 라는 뜻으로 두피 및 모발을 세정하여 두피의 비듬과 가려움을 덜어주고 두피 및 모발을 건강하게 유지하기 위하여 사용되는 모발 관리용 화장품을 말한다. 두피와 모발에는 매일 매일 환경 오염, 세균, 스타일링 제품, 땀과 피지에 의해서 불순물이 쌓이게 된다. 두피와 모발을 깨끗하게 하지 않으면 비듬과 탈모가 생기며 각종 질병을 유발할 수 있다.

샴푸는 물리적 화학적인 복합 작용으로 모발과 두피를 건강하게 해준다. 따라서 사람마다 두피와 모발의 상태가 다르므로 이에 맞는 샴푸제와 샴푸의 횟수를 선택해야 한다. 최초의 액체 샴푸는 소다 결정을 넣고 끓인 검은 비누로 제조되었기 때문에 거의 관심조차 끌지 못했다. 1900년부터는 수산화칼륨 비누 제조 방식이 도입되었는데,

이는 야자유와 함께 제조되었으며 때때로 올리브유나 아주까리기름이 첨가되기도 했다. 새로운 형태의 이 샴푸는 거품이 훨씬 풍부했지만 모발을 지나치게 손상시켰다.

1928년에 비로소 야자유에서 중성 나트륨 염을 합성해냄으로써 오늘날 우리가 쓰고 있는 샴푸가 만들어지게 된 것이다. 최근 샴푸의 기재인 계면활성제 변천을 보면 아래 표와 같이 샴푸 형태의 변화와 기능의 다양화가 함께 발전하고 있음을 알 수 있다. 형태의 변화는 분말 상-입상-페이스트상-액상으로 변하고 있으며, 기능은 청결, 청정, 마무리감이 좋을 것으로 변하고 있다.

1930년대에는 세발제로서 계란 흰자, 벤토나이트 등이 사용되었다. 1960년 이전에는 분말상의 지방산 비누에 벤토나이트 등의 천연규산, 알루미늄을 혼합한 샴푸만이 사용되고 있었다. 1960년이 되어서야 합성 세제의 진보와 함께 고급 알콜을 원료로 해서 SLS(Sodium Lauryl Sulfate)를 기재로 한 입상 샴푸가 등장했다.

이때부터 샴푸의 기재는 비누에서 알킬 황산염 쪽으로 바뀌었고 1970년대부터 액체 샴푸가 보급되기 시작하여 샴푸의 수요가 급격히 증가하였다. 1970년대 후반에는 액체 샴푸시대를 맞이하여 기재로 알킬에테르 황산염(SLES-Sodium Lauryl Ethoxylated Sulfate) 및 알킬 황산염(SLS)이 넓게 상용되어 액상 이외의 것은 자취를 감추게 되었다. 요즈음은 양성 계면활성제를 첨가하는 등 원료의 다양화와 함께 첨가제가 개발되어 비듬 방지 등의 효과를 지닌 다양한 형태가 개발되고 있다.

(1) 목적

샴푸에는 크게 두 가지 목적이 있다. 하나는 모발의 때를 씻는 것이고, 다른 하나는 모발의 때를 씻음과 동시에 두피에 적당한 자극을 주어 모발의 육성을 촉진시키는 것이다. 두부의 때에는 땀샘이나 피지선으로부터의 분비물에 의한 내부로부터의 때와 두발 화장품이나 대기 중의 먼지 같은 외부로부터의 때가 있다. 이들 때가 끼게 되면 세균이 증식하고 피지와 유기물의 분해가 촉진되어 그 대사 부산물에 의해 불쾌한 냄새와 가려움증이 나타난다. 더욱 심해지면 모공이 막혀 모유두의 기능이 저하되어 모발의 정상적인 발육이 방해받게 된다. 그래서 탈모가 많아지는 등의 증상이 일어나기도 한다. 샴푸는 두피와 모발을 청결히 하며 두부의 컨디션(condition)을 조절하기 위해 사용된다.

(2) 기능

샴푸의 주 기능은 모발이나 두피에 묻어 있는 먼지나 두피의 노폐물을 씻어내는 세정 작용에 있다. 두피 및 모발의 때의 원인을 크게 세 가지로 나눌 수 있다.

- **체내로부터의 분비물에 의한 것** 분비 배설된 땀, 피지, 노폐된 각질 세포 등
- **두발 화장품 같은 것의 잔유물에 의한 것** 헤어 크림(hair cream), 헤어 컨디셔너(hair conditioner), 헤어 스프레이(hair spray), 스타일링(styling)제, 헤어 컬러링(hair coloring)제
- **대기오염에 의한 것** 공기 중의 분진 등

이들 두피나 모발의 때 속에는 브러싱에 의해 씻기는 때나 물에 녹아 씻기는 때가 있다. 그러나 문제는 먼지 등에 포함되어 있는 유기성의 때를 씻어내는 일이다. 기름은 물을 배척하기 때문에 물이나 브러싱만으로는 씻기지 않는다. 이 같은 유성 때는 샴푸제에 함유되어 있는 계면활성제의 역할로 제거할 수 있는데, 계면활성제에는 유화, 분산, 침투, 습윤, 가용화, 기포화 등의 작용이 있어 그 역할에 의해 유성의 때를 제거하게 되는 것이다. 씻겨 나온 때는 기름의 작은 방울로서 액체 속에 분산되어 거품을 머금고 물로 씻어 내린다. 풍부한 거품은 세발 할 때에 모발과 모발의 접촉을 막고 마찰을 부드럽게 하는 역할 외에 작은 거품이 계면활성제의 액체 면을 확대시켜 세정 작용을 용이하게 하는 무척 중요한 역할을 완수하고 있다. 이와 같이 샴푸제는 계면활성제가 주제가 되어 세정, 거품 같은 작용에 의해 때를 씻어낸다.

(3) 조건

① 축적된 노폐물을 제거할 수 있도록 세정력이 우수해야 한다.

② 거품이 풍부하고 입자가 고와야 한다.

③ 어떤 물에도 원활히 작용, 쉽게 씻어낼 수 있어야 한다.

④ 눈, 피부에 자극이 없어야 한다.

⑤ 외관상 보기 좋고 사용하기가 쉬워야 한다.

⑥ 장기간 보존 시 변질이 없어야 한다.

2. 샴푸의 분류

1) 형태상 종류

(1) 리퀴드 타입(Liquid type)

액체형으로 샴푸의 대부분을 차지한다. 비누 성분을 주성분으로 하는 것으로 모발의 세정을 목적으로 하며 컨디셔닝 성분은 없는 경우가 많다. 비누성분으로 세제인 에탄올아민을 많이 사용한다.

(2) 크림 타입(Cream type)과 젤 타입(Gel type)

세제에 많이 사용하며 글리세린, 라놀린, 지방산의 성분 비율을 조정해서 진한 유백색의 크림타입과 젤 타입으로 만든다. 진하고 걸쭉하게 증점도를 높이기 위해 천연검(Gum)이나 셀룰로스를 사용한다.

2) 목적별 종류

(1) 지성 모발용 샴푸

과도한 피지 분비를 조절하고 두피의 지성화를 완화하며 소염 작용을 한다.

(2) 건성 모발용 샴푸

건조하고 푸석한 모발에 영양을 공급하고 노화 방지를 한다. (비타민E, 오렌지, 버베나, 조조바오일, 레시틴, 라놀린)

(3) 비듬 방지용 샴푸

노화된 각질과 비듬을 제거하고 향균, 항염 효과가 있다. (케토코나졸, 셀레늄설파이드, 징크피리티온, 코르티코스테로이드제, 살리신산, 아세트마이드, 캄파)

(4) 탈모 방지 샴푸

탈모의 원인이 되는 혈액 순환 장애와 피지의 과다분비, 영양 부족의 문제점을 해결해주는 기능을 하며 모발의 성장을 촉진한다. (인삼, 오렌지, 라벤더, 비타민A, 비타민 B6, 비타민E, PPT)

(5) 염색 모발용 샴푸

염색한 모발은 자외선과 여러 가지 요소에 의해 산화되어 퇴색한다. 따라서 퇴색 방지, 모발 색상을 유지, 모발 보호가 필수적이다. (비타민E)

(6) 손상 모발용 샴푸

영양 성분을 첨가하여 탄력성을 증진시키고 다공성 부분을 채워준다. (아미노 프로틴, 식물성 펩타이드, 세라마이드)

(7) 산성 밸런스용 샴푸

pH5~6 정도의 약산성 샴푸로 펌이나 염색으로 팽윤된 모발을 단단하게 수축하고 손상을 방지하며 저자극성이다.

(8) 컬러 샴푸

샴푸에 인공색소를 함유 시킨 것으로 샴푸로 모발의 모표피가 열릴 때 모발자체에는 아무 영향을 주지 않고 일시적으로 색소를 흡착시키는 원리를 이용한 샴푸제이다.

(9) 샴푸 · 린스 겸용

일반적으로 음이온성 계면활성제를 주 세정제로 하는 샴푸는 양이온성 계면활성제로 이루어진 린스와 배합할 경우 양이온과 음이온이 결합하여 석출 현상을 보이며 음이온성 계면활성제의 세정 효과를 저하시켜 샴푸 후의 청량감을 떨어뜨리고 린스의 양이온 계면활성 효과도 샴푸 헹굼 시 다량 씻겨나가 컨디셔닝 효과도 떨어진다.

(10) 특수 샴푸

환자들 중 물을 사용할 수 없을 경우 헤어 클렌징으로 모발을 세정하는 데, 이는 모발, 두피를 스팀 타올로 닦아내는 것이다. 또는 샴푸 내에 첨가제, 특히 살균제와 향료에 의해 알레르기 반응을 보이는 경우도 있는데 이때는 드라이 샴푸를 시행하며 산성 백토나 탄산마그네슘 등의 분말을 혼합하여, 모발에 가볍게 마사지한 후 브러시하여 따뜻한 물로 잘 씻어낸다. 이외에는 샴푸와 동시에 혹은 염색이 가능한 칼라샴푸와 탈색을 할 수 있는 블리치 샴푸 등이 있다. 형태는 분발-입상-페이스트상-액상으로 변하는 추세이며 기능은 청결, 청정, 마무리감이 좋은 것으로 변화하고 있다.

3. 샴푸제의 성분과 원리

샴푸의 기본 성분은 물, 계면활성제인 인공 합성 세제가 중심이 되며 그 밖에 첨가제인 거품제, 정전기 방지제, 엉킴 방지제, 방부제, 조정제, 향료 등을 혼합한다. 그러면 계면활성제를 중심으로 보다 더 자세한 제품 성분을 알아보도록 하겠다.

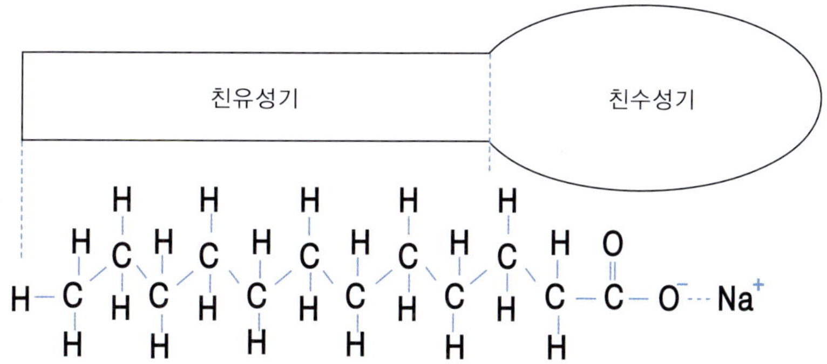

[계면활성제의 친성수기와 친유성기]

Chapter 12

1) 계면활성제

(1) 계면활성제의 종류와 특징

계면활성제란 한 분자 내에 물을 좋아하는 친수성기(hydrophilic)와 기름을 좋아하는 친유성기(lipophilic)를 함께 갖는 물질로 물과 기름의 경계면, 즉 계면의 성질을 변화시킬 수 있는 특성을 가지고 있다. 계면활성제는 보통 친수성기의 이온성에 따라 양이온성, 음이온성, 비이온성, 양쪽성 계면활성제의 네 가지 종류로 나눌 수 있다.

■ 계면 활성제의 종류와 특징

종 류	특 징
양이온성 계면활성제 (cationic surfactant)	살균, 소독작용이 크며 정전기를 억제하므로 헤어린스, 헤어트리트먼트 등에 사용한다.
음이온성 계면활성제 (ationic surfactant)	세정작용과 기포형성작용이 우수하여 비누, 샴푸, 클린징 폼 등에 사용된다.
비이온성 계면활성제 (nonionic surfactant)	피부자극이 적어 화장수의 가용화재, 크림의 유화제, 클린징 크림의 세정제 등의 용도로 사용된다.
양쪽성 계면활성제 (amphoteric surfactant)	세정작용이 있으며 피부자극이 적어 저자극샴푸(mild shampoo), 베이비샴푸(baby shampoo) 등에 사용된다.

(2) HLB(hydrophile-lipophile balance)

계면활성제의 친수성과 친유성의 정도를 수치로 나타내어 계면활성제의 성질을 표시한 것으로 어떤 계면활성제가 물에 잘 녹는가 녹지 않는가를 나타내는 척도이다. HLB가 낮을수록 물에 잘 녹지 않고 HLB가 높을수록 물에 잘 녹는 성질을 나타낸다. 비이온성 계면활성제의 경우 친수성기가 전혀 없는 것은 HLB가 0이고 친수성기만으로 된 폴리에틸렌글리콜 같은 것은 HLB가 20이 되어 비이온성 계면활성제의 HLB는 0~20사이를 나타낸다.

HLB	용 도
3~15	소포제
4~6	W/O유화제
7~9	분산제
8~18	O/W 유화제
13~15	세정제
15~18	가용화제

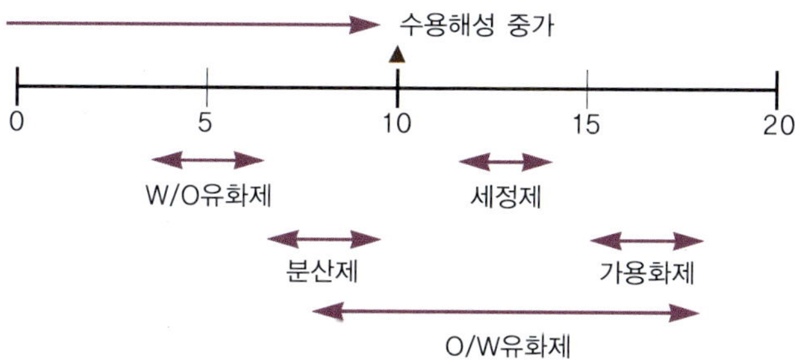

(3) 계면활성제의 세정 작용

① 습윤 · 침투 작용

모발의 표면을 적셔 모발과 오염의 계면장력(界面張力)을 저하시키고 모발과 오염의 부착력을 느슨하게 만들고 오염을 팽윤시켜 모발 표면에서 오염을 떼어낸다.

② 유화 작용

계면활성제의 가장 중요한 역할로 에멀젼(emulsion)이라고도 한다. 계면활성제에 의해 물속으로 기름을 분산시키면 기름방울 주위에 계면활성제가 흡착하여 기름방울을 안정화하는데 이런 피막을 만들어 주는 물질이 바로 유화제이다. 에멀전은 물 가운데 기름방울이 미세입자로 분산된 것으로 O/W형과 기름 가운데 물방울이 미세입자로 분산된 W/0형이 있다. 친수성이 큰 유화제는 O/W형을, 친유성이 큰 유화제는 W/O형을 잘 만든다.

③ 분산 작용

고체의 오염 입자에 흡착하여 큰 입자에서 미세입자로 세분화한다. 세분화된 입자는 표면에 흡착되어 있는 계면활성제에 의해서 집합이 방해되어 액 중에 안정화한다. 이러한 작용은 유화와 비슷하나 분산은 고체에서 피진다는 점이 다르다.

④ 재부착 방지 작용

떼어낸 오염이 재부착하지 않도록 오염 입자를 안정하게 하는 작용이다.

⑤ 가용화 작용

물에 난용성인 유성 물질은 미셀(분자의 집합체) 내에 가두어 용해한 것처럼 만든다. 이는 계면활성제의 농도가 높은 경우에 일어나며 물에 녹기 어려운 물질은 계면활성제의 분자가 친수기를 외측으로 감싸 요행시키기 때문에 가용화라고 한다.

⑥ 기포 형성 작용

기포는 모발끼리 접촉하는 것을 막아 마찰을 없애고 계면활성제의 면적을 확대하여 모발과 액체의 접촉 기회를 증대시킨다. 또 공기 중에 오염 물질을 효과적으로 제거할 수 있게 한다.

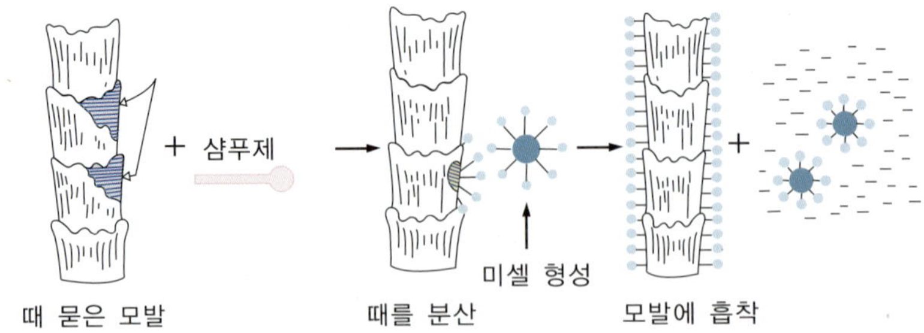

[세정작용 모형도]

2) 첨가제

(1) 거품 형성제 또는 거품 안정화제

음이온이 주성분인 샴푸에 계면활성제의 기포력을 높이고 거품 유지력 및 안정성을 상승시키는 기제를 말하며 비교적 소량으로 그 효과를 발휘한다. (지방산 아카놀아마이드, 베타인, 암옥사이드, 지방산, 고급 알콜)

(2) 점증제

제품의 안정도와 조작 용이성 때문에 점도는 매우 중요하다. 점도는 30℃에서 500~5000cps가 적당하다. (소듐, 지방산 알카놀 아마이드)

(3) 방부제

샴푸의 주성분인 알킬설포네이트 등은 녹농균 등의 박테리아나 미생물 등이 번식하기 좋은 물질로 샴푸의 보관 및 사용 중에 부패, 번식, 변질 등을 일으킬 수 있기 때문에 방부제는 필수이다. (살리실산, 파라옥시안식향산메칠, 이미다졸리딜우레아, 파라옥시안식향산프로필)

(4) 금속이온 봉쇄제

지방이나 오일 종류는 미량의 구리와 철 등의 금속을 함유하고 있다. 이들 금속은 자체만으로는 산패를 일으키지는 않지만 산화작용의 촉매로써 작용한다. 킬레이트제는 이러한 금속들과 결합해서 이들이 촉매 작용을 하지 못하게 한다. (4초산 에틸렌디아민(EDTA), 시트릭애시드, 트라이폴리포스페이트, 디하이드로옥시에칠글리신 등)

(5) 컨디셔닝제

샴푸는 보통 모발과 두피를 세정시키는 기능을 하므로 피지 성분을 과도하게 제거하기도 한다. 따라서 이를 방지하고 모발이 부드럽고 윤기 있게 해주기 위해 컨디셔닝제를 사용한다.(글리세린, 지방산에스테르, 레시틴, 라놀린)

(6) 항 비듬제

비듬 발생의 가장 큰 원인은 각질 세포의 이상박리, 피지의 누진, 미생물의 증식이다. 따라서 이러한 것들을 억제하면 가려움증을 줄일 수 있다. 비교적 짧은 시간에 두피에 작용 하므로 두피와 친화성 있는 성분으로 선택해야 한다. (아연-피리치온, 피록톤올아민, 알란토인, 멘톨, 살리실산)

(7) 항산화제

특히 용기가 투명 용기일 때 자외선을 흡수하여 제품의 색상 및 품질이 변하는 것을 방지하기 위해 사용한다.

(8) 향

소비자의 기호에 맞추는 중요한 인자가 되므로 어떤 향을 선택하느냐가 제품의 생명을 결정하는 중요한 요소가 된다. 씨트러스계의 향이 주로 사용되었으나 고급 알콜계의 액체 샴푸가 보급된 후 후로랄 부케, 천연 허벌, 라벤다 등 다양하게 사용된다.

(9) 색소

미국의 FDA(식품의약품국)에서 허용된 색소만 사용한다. 특히 자외선에 의한 변색 pH 등에 의한 변색은 검토하여 처방에 사용해야 한다.

(10) pH 조절제

음이온 계면활성제를 사용할 경우 pH에 의해서 색상, 기포력, 점도 등이 영향을 받으므로 pH로 조절해야 한다. (시트릭애씨드)

(11) 정제수

증류수를 사용하면 가장 바람직하지만 제조상 시간, 경비가 많이 필요하므로 대개 이온 교환수를 사용하여 물속의 Mg, Ca, Fe등의 이온을 제거하고 물에 의한 오염 방지를 위해 자외선 살균 등을 이용한다.

(12) L.P.P(Low size Polypeptide Protein)

모발 조성과 같은 천연 복합 아미노산으로 손상모에 간충 물질을 대신해 작용하는 물질이다.

(13) P.P.T(Polypeptide Protein Treatment)

50개 이내의 아미노산의 결합, 케라틴의 기본 단위로 아미노 프로테인이라는 제품명으로 사용되고 있다.

(14) 세라마이드(Ceramide)

사슬이 긴 아이노 알코올을 함유하고 있는 스핑고 지질의 일종 각질세포 사이의 결합력을 높여주고 수분 증발 억제하는 세포 간 지질의 하나이다.

4. 샴푸 방법

① 샴푸 전에 가볍게 브러싱해 오염물이 두피, 모발 표면에서 이탈되기 쉽게 한다.
② 온수로 가볍게 씻어 샴푸의 침투 및 기포성을 높인다.
③ 적당량을 취해 문지르면 샴푸한다.
④ 두 번째는 절반 정도를 취해 샴푸한다.
⑤ 온수로 충분하게 헹구어낸다.

■ 샴푸와 비누의 차이

1. 경수에도 세정력이 강하고 기포가 잘 생긴다.
2. pH가 약산성 · 중성
3. 비누는 경수에서 물때를 생성한다.
4. 비누는 세정력, 기포 발생이 낮다.
5. 비누는 알칼리성이 강해 간충 물질이 유출 및 빗질에 의한 모발 손상이 크다.

5. 린스

린스라의 본래의 의미는 '씻다, 헹구다' 라는 뜻이지만 통상적으로 샴푸 후 사용하는 헤어 컨디셔너의 일종이다. 린스의 목적은 샴푸의 결합을 보완하는 데 있다. 샴푸 시 모발에 남아 있는 칼슘염의 침전같은 금속성 피망이나 알칼리성 성분을 제거하여 모발 결이 나빠지지 않게 하고 모발 표면 상태의 끝마무리하는 중요한 과정이다. 또한 샴푸만 사용하게 되면 과도한 피지제거와 음이온 계면활성제의 영향으로 (-)이온으로 대전되면서 모발끼리 서로 밀어내려는 전기적인 성격을 가지게 된다. 따라서 샴푸의 음이온성계면활성제에 의해 (-)이온화 된 모발을 린스의 양이온성 계면활성제를 사용하여 전기적으로 중성화시켜야 한다.

■ 린스의 기능

1. 모발을 유연하게, 빗질이 쉽도록 해준다.
2. 모발에 수분이나 유성 성분을 보충, 광택을 부여한다.
3. 정전기의 발생 억제, 방지 효과가 있다.
4. 모발의 표면을 보호한다.
5. 모발을 정돈하기 쉽고 스타일링하기 편리하다.
6. 눈이나 두피에 자극이 없고, 안정성 좋아야 한다.
7. 샴푸 후 제거되지 않은 음이온성 계면활성제를 중화시킨다.

1) 린스의 분류

모발 타입별로 건성인 모발에 주로 사용하는 린스와 지성인 모발에 사용하는 린스 그리고 중성 모발에 사용하는 린스로 나누는 것이 일반적인 분류이고 요즘은 샴푸와 함께 세트화되어 구매되고 있는 양상이 많아져 성분들 자체도 샴푸가 어떤 것이냐에 따라 바뀌고 있다. 몇몇 린스 같은 경우는 크림린스, 산성린스, 유액린스 등과 같이 어떤 목적에 맞는 특수한 성분들이 집중되어 있는 경우도 있다.

(1) 형상별 종류

① 크림린스

1950년대에 개발된 가장 오래된 린스 타입으로 음(−)전기를 중화시켜 양(+)전기를 발생시키는 성분으로 손상된 큐티클을 정돈해서 모발이 서로 엉키는 것을 해결하는 목적으로 이용되었다. 크림린스를 장기간 사용하게 되면 지성모는 탄력을 잃고 건성모는 더욱 건조해진다. 크림린스의 주원료인 유지류와 계면 활성제, 양이온 활성제, 양성 활성제, 수용성 성분인 폴리펩티드와 아미노산 등은 제조회사의 사용방법에 따라 여러가지가 첨가되어 특색을 지닌다.

② 산성린스

지금과 같은 샴푸가 발달되기 전에 사용하였던 린스와 비누 세발 후 남는 불용성 금속 비누또는 알칼리 성분을 중화시키기 위해 주로 사용하며 지금은 퍼머넌트 웨이브(permanent wave)제 처리 후 중간단계에서 알칼리 성분들을 중화시키거나 염색, 블리치 후에 사용한다.

③ 오일린스

오일린스는 활성제가 보급되기 전, 따뜻한 물에 올리브 유등을 혼합하여 모발을 담그는 형태로, 샴푸 후 모발에 유분을 주기 위한 목적으로 사용되었다. 하지만 모발뿐 아니라 지나치게 두피를 지성화 시키는 단점으로 현재에는 거의 사용하지 않는다.

(2)기능별 종류

① 인스턴트(Instant)린스

크림린스와 사용법이 비슷하다. 엘라스틴, 가수부해 콜라겐이 쉽게 모발의 내부로 침투하여 손상모에 대한 영양공급, 수분공급으로 모발의 탄력성을 지속시킨다.

② 리브 온(Leave on) 린스

린스를 모발에 발라 수건 또는 열 발생 장치 모자(heating cap)쓰고 30분 후 모발을 감는 타입이다. 혼합과정에서 단백질을 많이 사용하는 것이 특징이며 염색하기 전에 사용하면 건성모와 퍼머,염색, 탈색 등으로 모발에 손상을 입는 것을 막을 수 있다.

③ 바디빌더(Body builder)린스

운동으로 근육을 만들 듯이 가느다란 모발을 굵게 만드는 성분을 갖고 있는 린스로 모발숱이 풍성하게 보이도록 하는 효과를 가진다. 손상모와 건성모에는 적합하지 않다.

④ 손상모용 린스

염색이나 탈색으로 인해 손상된 큐티클의 갈라진 틈새를 재생시키는 린스다. 모피질 안으로 흡수되어 케라틴을 탄탄하게 밀착시켜 단단하게 만들고 갈라진 모발의 회복을 돕는다.

(3) 사용방법에 따른 종류

① 헹궈내는 타입(Rinse type)

흔히 사용하는 린스 타입으로 린스를 모발에 부착 후 몇 분 후 물로 씻어내는 방법으로 범용린스라고도 한다.

② 발라두는 타입(Leave on type)

비듬, 탈모, 염색,탈색으로 인해 모발이 손상되는 것을 예방하기 위한 목적으로 사용

하는 방법이다. 모발에 린스를 부착하고 씻어내지 않지만 요즘은 각종 앰플 타입이 등장하여 사용이 간편하다

2)린스의 주성분

린스의 일반적인 성분들 중 가장 특이한 것은 양이온성 계면활성제가 주성분이며 나머지 보조 성분들은 샴푸에서 나오는 성분들과 유사한 것을 사용한다. 주성분인 양이온성 계면활성제 첨가제로 컨디셔닝제, 점증제, 보습제, 금속이온 봉쇄제, pH조절제, 착향제 등이다.

(1) 계면활성제

양이온싱 계면활성제가 주성분이다. 그것은 모발과 정전기적으로 결합하는 성질을 가지고 있어서 다른 계면활성제들보다 강하게 흡착할 수 있기 때문이다. 특히 음이온을 띄고 있는 모발과 반응하여 젖은 모발에 투과해 들어가 모발 표면에 부드럽고 얇은 피막을 형성함으로써 젖은 상태의 빗질 용이성을 증가시켜 줄 수 있다. 이렇게 강하게 모발에 흡착하면 간단한 처리로 제거되지 않고 컨디셔닝 효과도 없어지지 않는다.

Chapter 12

(2) 컨디셔닝제

샴푸에 의하여 과도하게 제거된 유분을 보충하여 주며 모발의 추가적인 손상이나 정전기를 방지시켜 줄 수 있는 성분들을 말하며 일반적으로 모발에 부착 능력이 좋으며 물로 씻어도 잘 씻겨 내려가지 않는 천연 오일류나 합성 오일들이 사용된다. 미네랄 오일, 스쿠알렌,바세린, 올레일알콜, 세탄올, 라놀린, 레시틴 오일 등 합성 오일 중 실리콘 오일 등이 사용된다.

(3) 고분자 물질

제형을 잡아주고 모발에 부착하여 부수적인 컨디셔닝 효과를 줄 수 있는 성분으로 정발 효과, 점증 효과, 보습 효과 등을 나타낸다. 아라미아검, 젤라틴, 카르복시메틸 셀룰로스, 하이드록실프로필 스타치, 셀룰로스, 폴리비닐 알코올 등이 사용된다.

3) 린스의 첨가성분

(1) 단백질(Protein), 아미노산(Amino acid)

린스에 주로 사용되는 단백질은 특히 모발의 주성분인 시스틴(systine)과 히스티딘(histidine), 세린(serine), 글루타민산(glutamic acid), 트립토판(tryptophan), 푸로린(proline)이 많이 사용된다. 그 외에도 밀단백질, 콩단백질, 가수분해 케라틴이 외부의 수분을 흡수하는 매개체로 작용해 모발을 유연하게 만든다.

(2) 보습제

린스의 성분으로 글리콜류 중 글리세린이 많이 사용된다. 글리세린은 모발의 부착하여 헹군 후에도 그대로 남아있어 보습효과가 뛰어나다. 폴리비닐 피로리돈, 메칠 셀룰로스, 히드록시 에칠셀룰로스, 아크릴산 폴리머 등 수용성 고분자 물질도 응용되어 보습효과에 의한 모발의 보호작용이 이루어진다.

(3) 황산화제(Antioxidant)

비타민 A,C,D,E가 사용되며 , 염증을 일으키는 활성산소를 우리 몸에서 빠르게 제거할 수 있다.

(4) 콜라겐(Collagen), 엘라스틴(Elastin)

모발의 케라틴과 같은 단백질로 이루어진 콜라겐과 엘라스틴은 손상된 큐티클을 보완해준다. 모발에 수분을 붙잡는 기능인 수분 흡수제 역할을 하여 수분공급, 영양공급으로 모발이 건조하지 않게 한다. 또한 모발의 탄력성을 강화시켜준다.

(5) 판테놀(Panthenol)

비타민 B복합체로부터 모발을 재생시키며 흔히 모발 영양제라고도 불린다. 모발의 노화 및 백모, 회색모발을 방지한다.

(6) AHA와 요소(Urea)

AHA는 모발의 산성균형을 맞춰 부의 수분을 흡수하는 기능으로 모발을 단단하게 하고 광택과 유연성을 준다. 요소(urea)는 각질을 부드럽게 만들어주고 불필요한 사질만을 제거하는 기능을 한다.

(7) 유성성분

유성성분은 지방분을 보급하여 모발 표면에 피지막을 만들어 유연한 감촉과 자연스런 광택을 준다. 라놀린 , 스쿠알렌, 지방산과 유도체, 고급 알코올, 에스테르류, 알파올레핀, 올리고머로 이루어진 피지막은 모발의 수분증발을 막아주고 빗질 할때의 마찰로부터 모발을 보호하여 매끄러움과 광택을 준다.

(8) 발삼(Balsam)

남미 페루, 중앙 아메리카에서 자생하는 발삼이라는 침엽수에서 재취한 수지로 약용, 향료 , 화장품에 널리 쓰인다.

(9) 라놀린 유(Lanolin oil), 미네랄 유(Mineral oil)

식물성 기름 등은 뛰어난 보습성분과 모발 광택용 성분이 있다.

(10) 디메치콘(Dimethicone), 씨클로메치콘(Cyclomethicone)

실리콘유(silicon oil)로 모발의 광택용 성분으로 피부와 모발에 대한 퍼짐성이 우수하다.

(11) 모이스처 라이저

모이스처 라이저는 흡습기능과 보습기능이 우수하며 성분으로 라놀린 유도체가 대표적이다. 글리코사미 노글리칸(glycosaminoglycan), 히아루론산(hyaluronic acid), 뮤코폴리사카라이드(mucopolysacchaide), 나프카(napca), 솔비톨(sorbitol) 등의 성분으로 모발의 수분 공급, 유지 기능을 갖는다.

(12) 알란토인(Allantoin)

알란토인은 보습효과가 우수하여 보습제, 비듬방지제로 사용된다.

INDEX

ㅅ

ㅇ

TUVWZ

참고문헌

· 김순옥 외 6인. 미용영양학. 수문사. 2003

· 곽희진 외 2인. 미용과 영양. 청구문화사. 2001

· 류은주. 모발학. 광문각. 2002

· 최근희 외 11인. 모발과학. 수문사. 2005

· 김한식. 모발 생리학. 현문사. 1997

· 김경희 외 4인. 모발관리학. 청구문화사. 2000

· 류은주. HAIR PERMANENT WAVE(Pin curl & wave). 청구문화사. 1999

· 곽형심. 외 2인. Art of Wave. 청구문화사. 2001

· 고바야시 사찌꼬. COLOR. 日刊工業新問社. 1997

· 장미희 외 1인. 모발관리 & 가발. 예림. 2003

· 배선향 외 6인. Hair Color Design. 2003

· 곽형심 외 6인. 모발 · 두피관리학. 청구문화사.2002

· 최근희 외 2인. 모발관리 이론 및 실습. 수문사. 2001

· 김경순 외 4인. 퍼머넨트웨이브 및 헤어컬러링. 청구문화사. 2000

· 고재숙 외 4인. 피부과학. 수문사. 2000

· 하병조. 화장품학. 수문사. 1999

· 김광숙 외 4인. 메이크업& 코디네이션. 예림. 2004

· 하병조. 미용생화학. 형설출판사. 2001

· 한경희 외 7인. 훈민사. 2000

· 하병조. 아로마테라피. 수문사. 2000

· 오홍근 외 16인. 아로마테라피 (피부미용인을 위한). 훈민사. 2002

· 배선향 외 7인. HAIR COLOR DESIGN. 예림. 2003

· 모발대전과. 모발과학협회. 2000

· Healing hair care institute. Hair Care ART Healing hair care. 현문사. 2002

· HAIRDRESSING THE FOUNDATION Level 2. THOMSON. 2003

· Dr. John Gray. THE WORLD OF HAIR. Hairdressing Training Board. 1997

· David Adams & Jacki Wadeson. HAIR COIORING. Hairdressing Training Board.1998

Hair Science 모발과학

2019년 3월 7일 초판 인쇄
2019년 3월 15일 초판 발행

판 권
소 유

*저자와의 협의하에 인지생략

저 자 박은준 · 김순경 · 박정은 · 이영미
발행인 석종환
발행처 도서출판 예림
디자인 예림 편집부

서울특별시 광진구 광장동 아차산로 78길 한강빌딩 207호
Tel: 02) 921-6045~6 Fax: 02) 921-4524
E-mail: yaelim21c@hanmail.net
http: //www.yelimbook.com

등록번호 제 1-2685호
ISBN 978-89-6475-116-4

정가 20,000원